超迷人 畫畫課

Procreate

用iPad輕鬆畫出我的生活風格

Procreate 超迷人畫畫課：用 iPad 輕鬆畫出我的生活風格

作　　者：兔豆尼老師
譯　　者：張雅芳
企劃編輯：王建賀
文字編輯：江雅鈴
設計裝幀：張寶莉
發 行 人：廖文良

發 行 所：碁峰資訊股份有限公司
地　　址：台北市南港區三重路 66 號 7 樓之 6
電　　話：(02)2788-2408
傳　　真：(02)8192-4433
網　　站：www.gotop.com.tw
書　　號：ACU083600
版　　次：2022 年 03 月初版
建議售價：NT$390

國家圖書館出版品預行編目資料

Procreate 超迷人畫畫課：用 iPad 輕鬆畫出我的生活風格 / 兔豆
尼老師原著；張雅芳譯. -- 初版. -- 臺北市 ：碁峰資訊，
2022.03
　　面；　　公分
　　ISBN 978-626-324-100-8(平裝)
　　1.CST：電腦繪圖　　2.CST：繪畫技法
312.86　　　　　　　　　　　　　　　　　111001095

讀者服務

- 感謝您購買碁峰圖書，如果您對本書的內容或表達上有不清楚的地方或其他建議，請至碁峰網站：「聯絡我們」\「圖書問題」留下您所購買之書籍及問題。(請註明購買書籍之書號及書名，以及問題頁數，以便能儘快為您處理)
  http://www.gotop.com.tw

- 售後服務僅限書籍本身內容，若是軟、硬體問題，請您直接與軟體廠商聯絡。

- 若於購買書籍後發現有破損、缺頁、裝訂錯誤之問題，請直接將書寄回更換，並註明您的姓名、連絡電話及地址，將有專人與您連絡補寄商品。

目錄

Lesson 3

善用對稱功能，畫出生活日常 31

Lesson 4

活用圓弧線條，畫出各種動物 86

Lesson 5

Lesson 6

線上下載說明

範例檔與 Lesson 3、4 筆刷檔請連至網址 http://books.gotop.com.tw/download/ACU083600 或是掃描左方 QR Code 下載，檔案為 ZIP 格式，請讀者下載後自行解壓縮即可。其內容僅供合法持有本書的讀者使用，未經授權不得抄襲、轉載或任意散佈。

Lesson ①

零基礎就能快速上手的
Procreate

🐻 圖庫介面　🐻 繪圖介面　🐻 自由變換　🐻 繪圖輔助

🐻 手勢操作　🐻 色彩快塗　🐻 筆刷妙用

工具準備

用 iPad 繪圖最大的優點就是便利！一台 iPad 再加一支筆，在哪裡都能採集靈感！

必備硬體設備：IPad + Apple Pencil 或其他觸控筆

數位繪圖是很方便的繪畫方式，需要準備的工具也非常簡單，無論何時何地，只需要一台 iPad，配合一支 Apple Pencil 或者其他觸控筆，就能輕鬆地完成繪畫創作。

必備軟體：Procreate

Procreate 是目前全球最受歡迎的繪畫 App 之一，它操作簡單，介面簡潔，即使是零基礎的新手也能快速上手，用它創作出極具個人風格的手繪作品！

必備小工具

喜歡紙張手感的朋友們可以試一試。

類紙膜：模仿紙張手感的螢幕貼膜，貼上之後，畫畫時會有在紙上作畫的感覺。

筆尖套：畫畫的時候幫助筆頭增加摩擦力，也有靜音、不打滑的效果。

認識 Procreate

繪畫開始之前，讓我們先來熟悉一下介面！

Procreate 有兩個主要工作介面，分別是作品集介面和繪圖介面。

作品集介面

每次打開 **Procreate**，我們都會直接進入作品集介面。

圖庫介面相當於相簿，存放著過去所有的繪畫作品。在這個介面裡，我們可以整理、分享過去的畫作，也可以新增畫布，匯入、匯出檔案。

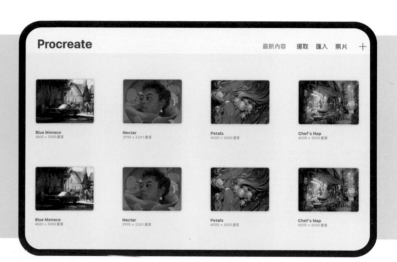

繪圖介面

當我們新增或開啟一個檔案後，就會跳到繪圖介面。

繪圖介面是我們的主要工作介面之一，繪圖的部分都是在這裡完成的！

接下來，讓我們來詳細了解這兩個介面有哪些功能吧！

 作品集介面

作品集介面見證了我們從零基礎新手成長為繪畫高手的過程,每次打開,滿滿的都是珍貴的回憶!作品集介面最上面一排是主選單,讓我們來看看每個按鈕會開啟什麼功能吧!

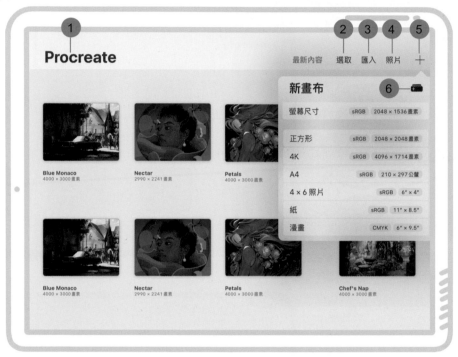

【位置 ①】

點擊左上角的【Procreate】按鈕,可以查看目前版本,檢查軟體是否為最新版本。

【位置 ②】

點擊【選取】按鈕,可以將檔案分組,以及預覽、分享、複製和刪除。

【位置 ③】

點擊【匯入】按鈕,可以將 iPad 的檔案在 Procreate 裡開啟。

【位置 ④】

點擊【照片】按鈕,會跳到照片庫,可以插入照片庫裡的照片和圖片。

【位置 ⑤】

點擊【+】按鈕,會跳出畫布選單,這裡面就是我們最常用的新增畫布功能了!

【位置 ⑥】

新增畫布常用的方法有兩種。

- 要新增現有的尺寸畫布，可以直接點按列表裡已有的尺寸，之前自訂的尺寸也會出現在列表中。

- 要新增自訂畫布，點按位置 6，進入自訂畫布介面，輸入需要的畫布尺寸，再點按【建立】即可。

隨著畫布尺寸增大，圖層會相對減少喔！

在作品集介面中，我們還可以對現有作品進行整理。

比較常用到的功能是堆疊和重新命名。

【位置 ⑦】	【位置 ⑧】
堆疊：點按【選取】按鈕，勾選需要放在一起的作品，選好之後點按右上角的【堆疊】按鈕。	重新命名：點按圖片下方的圖片名稱，就可以修改作品名稱了！

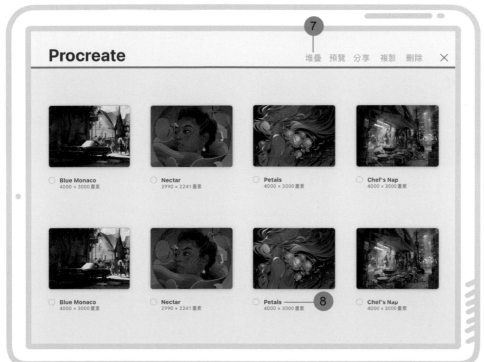

繪圖介面

繪圖介面雖然簡潔，但功能十分強大，一起來解鎖它們吧！

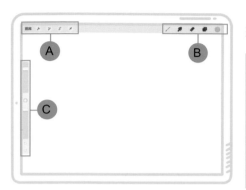

繪圖介面的功能鍵可分為 3 組，大致介紹如下。

【位置 Ⓐ】	【位置 Ⓑ】	【位置 Ⓒ】
功能選單區，主要負責完成軟體設定或圖像調整。	繪圖工具選單區，包含筆刷、塗抹、橡皮擦、圖層、顏色等繪圖工具。	快捷設定欄，方便我們在繪圖過程中快速調整筆刷的參數。

【位置 Ⓐ】
功能選單區

左上角的功能選單區有 5 個按鈕，依次為作品集、操作選單、調整選單、選擇工具和變換工具。

作品集 🔧 ✂ 〜 ↗

1. 操作選單

操作選單主要負責軟體設定的部分，包括：

【添加】	【畫布】	【分享】
將圖片素材匯入目前的畫布，也可以對目前畫布上的圖像內容進行複製、貼上。	可以調整畫布尺寸開啟動畫功能、打開和編輯輔助繪圖功能、翻轉畫布、查看畫布資訊。	將目前作品以不同的格式匯出。

【影片】	【偏好設定】	【幫助】
打開錄製縮時影片功能，可以記錄繪畫過程，並匯出影片。	可以設定淺色介面、筆刷游標等，也可以修改手勢控制。關於常用的手勢操作，在後面的內容中會詳細介紹。	了解關於 Procreate 軟體的更多內容。

2. 調整選單

調整選單可以對現有圖像的顏色進行調整，或增加藝術效果。

點按任意功能（除了液化和克隆工具）進行調整時，若選擇圖層模式，效果會套用在目前圖層的全部內容上；若選擇 Pencil 模式，則可以用筆刷塗抹出想要作用的範圍。

原始圖像　　　梯度映射（火焰）　　　　高斯模糊　　　　　動態模糊

3. 選取工具

選擇工具可以幫助我們圈出畫布上的一個區域，以便單獨針對圈出區域進行下一步的操作。點按【選取工具】，會出現以下 4 種模式。

自動

在自動模式下，點按想選擇的顏色，被選擇的顏色會以互補色呈現。選擇顏色後，用手指隨著螢幕上方的藍調條向右滑動，選取範圍容許值會增大；向左滑動，選取範圍容許值會減少。確定選擇範圍，就可進行下一步操作了。

徒手畫

在徒手畫模式下，用筆直接圈出想選擇的區域，就會產生一條閃爍的虛線，沿著虛線繪製出想要的選取範圍，再點按虛線起點的灰點，沒有被選取的部分就會變成灰白虛線，剩下的部分，就是被選取的區域。

長方形

可以很方便地建立長方形的選取範圍。

橢圓

可以快速地建立圓形或橢圓形的選取範圍。

4. 變換工具

有了變換工具，我們可以很方便的對圖像進行縮放、旋轉、變形等操作。
點按變換工具時，會出現以下四種模式。

自由形式

拖曳任意一個藍點，可以讓圖像產生大小、
高矮胖瘦的變化；按住綠點旋轉，可以讓
圖像進行旋轉。

均勻

拖曳藍點，可以對圖像進行均勻的等比縮放。

扭曲

拖曳藍點，對圖像進行扭曲，會出現透視效
果的變形。

翹曲

拖曳九宮格的任意位置，圖像都會彎曲變
形，呈現像哈哈鏡一樣有趣的效果。

如果想讓你的變換
方向和旋轉角度更
精準，可以在使用
變形工具的同時，
打開下方的磁性選
項喔！

【位置 Ⓑ】

繪圖工具選單區

右上角的繪圖工具選單區也有 5 個按鈕，依序為筆刷、塗抹、橡皮擦、圖層和顏色。

1. 筆刷

點按筆刷可以直接進入筆刷庫，這裡有各種效果的筆刷供我們選擇。

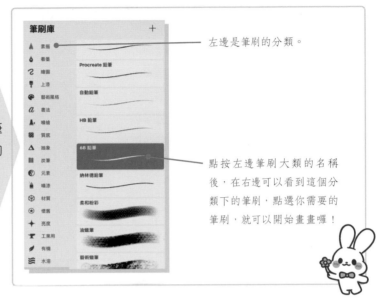

左邊是筆刷的分類。

點按左邊筆刷大類的名稱後，在右邊可以看到這個分類下的筆刷，點選你需要的筆刷，就可以開始畫畫囉！

點按個別筆刷，就能進入筆刷工作室，在這裡可以針對筆刷的參數進行修改。

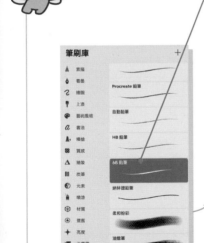

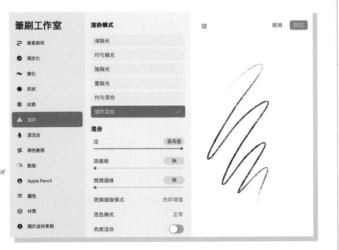

2. 塗抹

塗抹工具可以讓色彩的漸層更加柔和。選擇不一樣的筆刷,就可以塗抹出不一樣的效果喔!

3. 橡皮擦

橡皮擦工具的使用方法和筆刷相同,選擇你需要的筆刷,就可以對畫面內容進行擦除了。

4. 顏色

右上角的圓圈是顏色工具,這裡有五個模式可供選擇。

色圈 / 經典

拖曳圓點來選擇想要的顏色。

調和

方便你一次選擇一整組配色。

參數

輸入數值來精確選色。(本書中的範例色卡會提供HSB顏色模式的數值供大家參考)

調色板

在調色板裡可以調用已儲存的色卡,也可以將常用的顏色儲存到這裡。

【位置 ©】

快捷設定欄

左側的工具條由上到下依序為筆刷尺寸調整、吸管、筆刷透明度調整、撤銷和重做。

拖曳上方滑桿，可以調整筆刷尺寸。

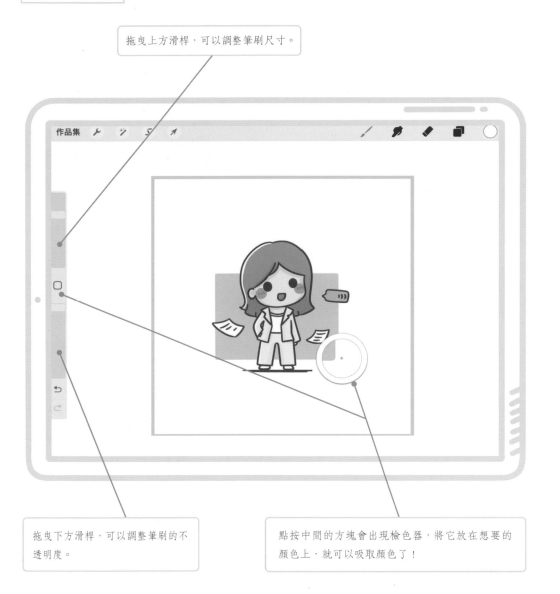

拖曳下方滑桿，可以調整筆刷的不透明度。

點按中間的方塊會出現檢色器，將它放在想要的顏色上，就可以吸取顏色了！

 認識圖層

掌握圖層的使用方法，創作會更有效率！

圖層可以看作是一張一張疊放在一起的透明紙張，我們在不同的圖層上完成創作後，將圖層由上而下疊在一起，就可以組成一幅完整的畫面；如果隱藏或修改其中一個圖層，並不會對其他圖層的內容產生影響。

點按開啟圖層選單，來看看圖層相關的常用操作。

① 點按【+】按鈕，可以建立圖層。

② 點按圖層右側的方框，可以顯示／隱藏圖層。

③ 點按圖層右側的【N】按鈕，可以調整圖層不透明度、切換圖層疊加模式。

④ 將圖層從左向右滑，可以一次選擇多個圖層。

⑤ 將圖層從右向左滑，可以鎖定／複製／刪除圖層。

⑥ 點擊背景顏色圖層，可以直接更改背景顏色。

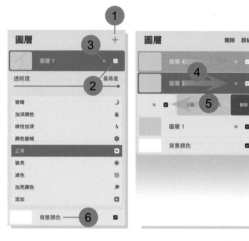

點按背景顏色圖層之外的圖層，叫出圖層操作選單。

本書中，我們還會帶領大家來學習如何使用圖層操作選單裡的以下功能。

◎**重新命名**

修改目前圖層的名稱。

◎**阿爾法鎖定**

打開後，只能在目前圖層現有內容的範圍內繼續繪圖。

◎**剪切遮罩**（不適用於最底層圖層）

作用於下方圖層，打開此功能後，只能在被作用圖層現有內容的範圍內作畫。效果與阿爾法鎖定類似，不同的是由於圖層已分開，修改起來更為靈活。

◎**繪圖輔助**（在已開啟繪圖參考線的情況下）

開啟後，可以藉著繪圖參考線完成作圖。

◎**參照**

一般用於線稿圖層，將目前圖層設為參照之後，其他圖層的上色範圍將以這個圖層為依據。

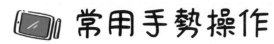 # 常用手勢操作

有了手勢操作的輔助，畫畫效率會倍增！一起來看看有哪些常用的手勢操作吧！

1. 畫布控制

◎畫布移動／縮放／旋轉

用兩根手指按住畫布，透過移動、開合、旋轉，就可以對畫布執行移動、縮放、旋轉的操作。

◎畫布還原

兩根手指快速向中間捏合，就可以快速將畫布還原至填滿螢幕的大小。

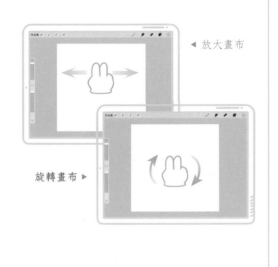

◀ 放大畫布

旋轉畫布 ▶

兩指移動、開合、旋轉的操作對選取範圍也適用喔！

2. 快速取色

一指長按想要吸取的顏色，即可吸取目前位置的顏色。

3. 撤銷與重做

◎撤銷

兩指在畫布上輕點一次，可以撤銷上一步操作；
兩指長按畫布，可以連續快速撤銷多步操作。

◀ 兩指輕點

◎重做

三指在畫布上輕點一次，可以重做上一步操作；
三指長按畫布，可以連續快速重做多步操作。

三指輕點 ▶

4. 剪下／拷貝／貼上

剪下／拷貝／貼上

打開操作選單—
偏好設定—手勢
控制解鎖更多手
勢操作吧！

# 實用上色技巧

只要掌握簡單的手勢操作，就可以學會實用的上色技巧！

**在 Procreate 裡上色的時候，除了基礎的平塗以外，
還有一些簡單、實用的色彩填色小技巧。**

Step 1：在右上角的顏色工具裡選擇
想要填上的顏色。

Step 2：將筆刷放在所選的顏色上。

Step 3：直接將顏色拖曳到需要填色
的區域就可以了！

填色溢出範圍，擴散到整個
螢幕怎麼辦？調整顏色快填
容許值：將顏色拖曳到填色
區域後，保持筆尖不離開螢
幕，左右滑動就可以調整顏
色快填容許值，進而減少或
增加填色範圍。

不同筆刷的妙用

筆刷那麼多，到底要怎麼選擇呢？在繪製可愛角色時，本書用到了以下的筆刷。

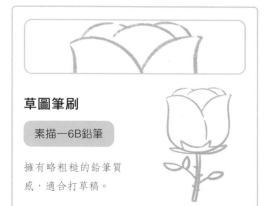

草圖筆刷

素描—6B鉛筆

擁有略粗糙的鉛筆質
感，適合打草稿。

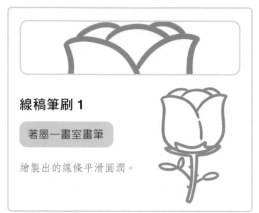

線稿筆刷 1

著墨—畫室畫筆

繪製出的線條平滑圓潤。

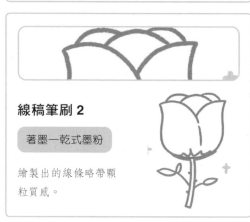

線稿筆刷 2

著墨—乾式墨粉

繪製出的線條略帶顆
粒質感。

上色筆刷 1

著墨—畫室畫筆

可形成均勻的鋪色效果。

上色筆刷 2

著墨—乾式墨粉

可形成略帶顆粒感的
鋪色效果。

上色筆刷 3

書法—單線

可呈現圓潤的平塗效果。

Lesson ②
簡單畫圖技巧與
可愛密技

🍎 流暢的線條　🍎 圓潤的曲線　🍎 利用繪圖參考線

🍎 直角變圓角　🍎 萬物皆可擬人

流暢的線條

| 畫直線 | 畫出的直線歪歪扭扭的？
試試看這樣畫直線！ |

徒手畫的線條

> 畫出直線後，用另一根手指按住螢幕，就可以在移動筆畫的時候，將繪製中的直線以 15° 為單位進行旋轉，輕鬆畫出水平、垂直等角度的直線。

畫出筆直的線條

畫出線條後，筆刷不離開螢幕，稍作停留，筆直的線條就會出現了！

直線小練習

（參考筆刷：書法 - 單線）

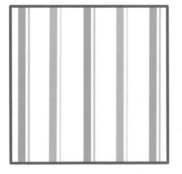

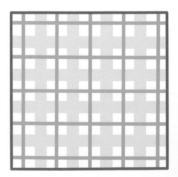

| 直紋 | 斜格紋 | 格子餐墊 |

畫曲線

「手抖星人」？
這樣也能畫出迷人的曲線！

徒手畫的波浪線

曲線生成以後，點按螢幕上方的編輯形狀，就可以對曲線進行進一步的編輯。

畫出圓滑的曲線

和直線類似，畫出曲線後，筆刷不離開螢幕，稍作停留，不平滑的曲線就變圓滑了！

曲線小練習

（參考筆刷：書法 - 單線）

下雨天

小鯨魚

「小怪獸」團體照

對稱的圖形

快速繪製標準圖形

掌握了線條的畫法，
漂亮的圖形也能輕鬆搞定！

速創圖形

用筆畫出想要的形狀之後，筆刷不離開螢幕，稍作停留，線條會自動校正，形成近似的形狀；點按螢幕上方的「編輯形狀」按鈕，可以對圖形進行進一步的編輯。

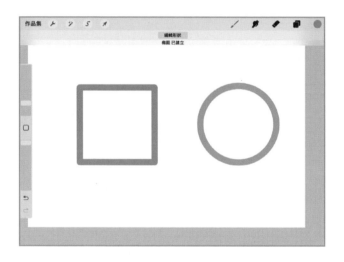

筆刷不離開螢幕的同時，用另一隻手指點按畫布，就可以讓形狀瞬間變成完美的型態。

利用快速繪製標準圖形的小技巧，試試畫出下面圖案吧！

吹泡泡

裝飾旗幟

貓咪躲在箱子裡

利用繪圖參考線畫對稱圖形

有了繪圖參考線的對稱模式，
繪畫效率翻倍！

試試看用對稱功能來畫一隻小熊

Step 1：建立一個 1500px × 1500px 的畫布，打開操作選單，在畫布的子選單中點按【編輯繪圖參考線】按鈕，選擇對稱模式，點按【完成】按鈕。

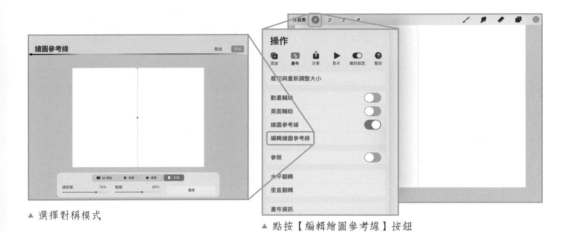

▲ 選擇對稱模式

▲ 點按【編輯繪圖參考線】按鈕

Step 2：選擇畫室畫筆刷，沿著對稱軸，在右邊勾勒出小熊的五官輪廓，此時左邊會自動生成對稱的部分。

▲ 新增圖層並完成線稿

建議色卡
H：28 S：57 B：59

Step 3：在線稿下方建立一個新圖層，打開圖層的繪畫輔助。幫小熊塗上耳朵和腮紅，可愛的小熊就輕鬆畫好啦！

◀ 完成繪畫

建議色卡
H：21 S：16 B：96

試試看透過繪畫輔助的對稱模式，畫出下面的圖案。

萌萌小樹

害羞蘑菇

閱讀時光

甜甜蜂蜜罐

呆呆章魚哥

酸甜葡萄柚

變可愛的技巧

圓潤的線條

把方方正正的直角輪廓，
變成柔和的圓角，簡筆畫突然變萌了！

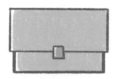

普通公事包

方方正正的書本

普通烤箱

軟軟的小皮包

圓潤的邊角讓手感變好了

圓角更可愛

擬人化表情

萬物皆可擬人化！
幫物品加上可愛的表情，為可愛形象注入靈魂！

杯子蛋糕

普通蘋果

普通麵包

加上貪吃的表情，看起來更美味了

正在思考的蘋果

想睡的麵包

氣氛小符號

搭配各式各樣的氣氛小符號，
讓簡單的場景瞬間生動起來！

禮盒

發呆的小熊

預備中的麥克風

配合彩帶和禮花，
呈現出開箱的驚喜

吃到蜂蜜，小熊周圍冒出快樂的
小星星

上台後興奮起來

甜甜糖果色

不知道如何配色嗎？
選擇甜甜的糖果色系準沒錯！

棉花糖配上櫻花粉
色，更香甜軟萌

奶油黃色的冰淇淋，
可以激發食慾

多種顏色碰撞一下
也不錯

甜甜的糖果色物品在一起合影，
怎麼搭配都很和諧呢！

Lesson ③
善用對稱功能，
畫出生活日常

♡ 速創圓形　　♡ 打造圓潤造型　　♡ 搭配糖果色調　　♡ 氣氛小符號

吃貨的可愛日常

清新蔬果食材

大部分水果的形狀都是對稱的,利用對稱功能,可以事半功倍,輕鬆的畫出可愛的水果寶寶!

接下來,我們將以可愛的鳳梨寶寶為例,跟大家分享水果的基本畫法。

草圖:6B鉛筆

Step 1:建立一個 1500px × 1500px 的畫布,打開操作選單,在畫布子選單中打開繪圖參考線,點按【自訂畫布】按鈕,進入自訂畫布編輯介面。

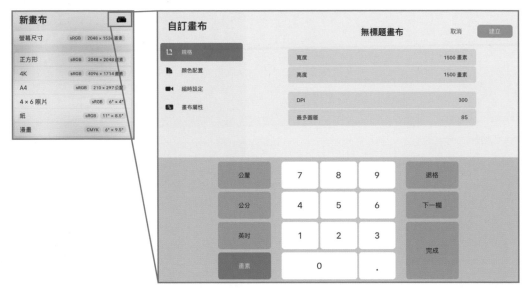

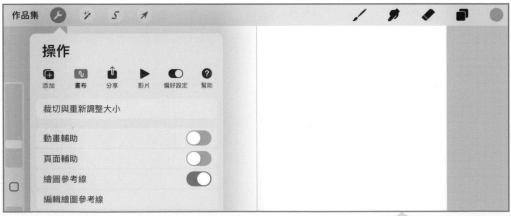

Step 2： 選擇對稱模式，點按【選項】按鈕，在參考線選項中選擇垂直，打開輔助繪圖，然後點按【完成】按鈕。

▲ 打開輔助繪圖

Step 3： 打開筆刷庫，選擇素描分類中的 6B 鉛筆，利用對稱功能勾勒出鳳梨的形狀輪廓，將此圖層重新命名為「草圖」。

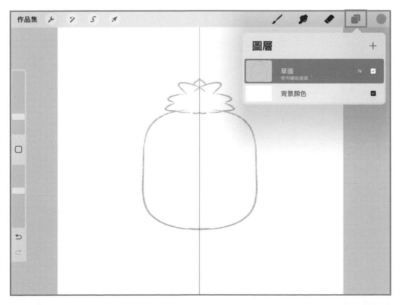

◀ 完成草圖

線稿：畫室畫筆

Step 4：在草圖圖層上方新增一個圖層，將圖層名稱改為「鳳梨輪廓」，點按新圖層並選擇輔助繪圖，在筆刷庫中選擇著墨分類中的畫室畫筆，用黃色勾勒出鳳梨果實部分的輪廓。

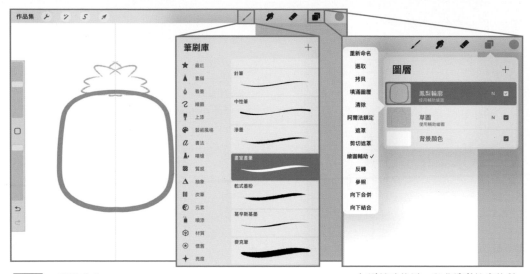

建議色卡
H：39 S：86 B：95

▲ 打開輔助繪圖，完成果實輪廓繪製

Step 5：鳳梨輪廓圖層上方新增一個圖層，重新命名為「葉子輪廓」，同樣點按該圖層選擇輔助繪圖，用綠色勾勒出葉子的形狀，並在葉子中增加小線條作為裝飾。

建議色卡
H：61 S：59 B：54

▲ 打開繪畫輔助，完成葉子輪廓繪製

上色：單線／畫室畫筆

Step 6：從左到右滑動「葉子輪廓」圖層，點按複製按鈕，複製出一個葉子輪廓圖層。然後選擇下方的「葉子輪廓」圖層，重新命名為「葉子填色」。選擇比線稿顏色淺一號的綠色，拖曳顏色來填滿葉子的區域。

建議色卡
H：61 S：48 B：75

左滑點擊
複製按鈕

▲ 選擇下方的葉子輪廓圖層

完成填色 ▶

Step 7：用同樣的方法製作一個新的「鳳梨填色」圖層，選擇比線稿顏色淺一號的黃色，拖曳顏色來填滿鳳梨果實的區域。

建議色卡
H：39 S：63 B：100

左滑點擊
複製按鈕

▲ 選擇下方的鳳梨輪廓圖層

完成填色 ▶

Step 8：在「鳳梨填色」圖層上方新增一個「紋理」圖層，點按紋理圖層，選擇「剪切遮罩」，用單線或畫室畫筆，以線稿顏色畫出鳳梨果實上的紋理；點按圖層右邊的 N 按鈕，調整圖層不透明度為 60%。

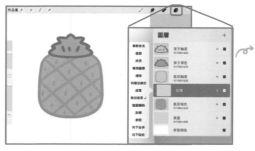

▲ 建立圖層並打開剪切遮罩

▲ 完成紋理繪製，調整不透明度

Step 9：分別在「紋理」圖層和「葉子填色」圖層上方新增圖層，將兩個新圖層重新命名並選擇剪切遮罩，用白色沿著線稿邊緣勾勒出高光。

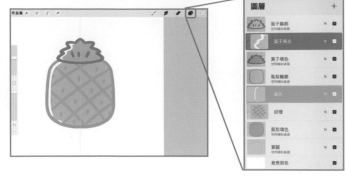

▲ 打開剪切遮罩並完成高光繪製

Step 10：在最上方新增可愛表情圖層，在此圖層上畫出可愛的表情。

▲ 完成表情繪製

Step 11：打開操作選單，在畫布的子選單中關閉繪圖參考線，然後隱藏參考線，可愛的鳳梨寶寶就完成了！

運用相同的方法，嘗試完成更多的萌趣水果造型。

愛吃的草莓

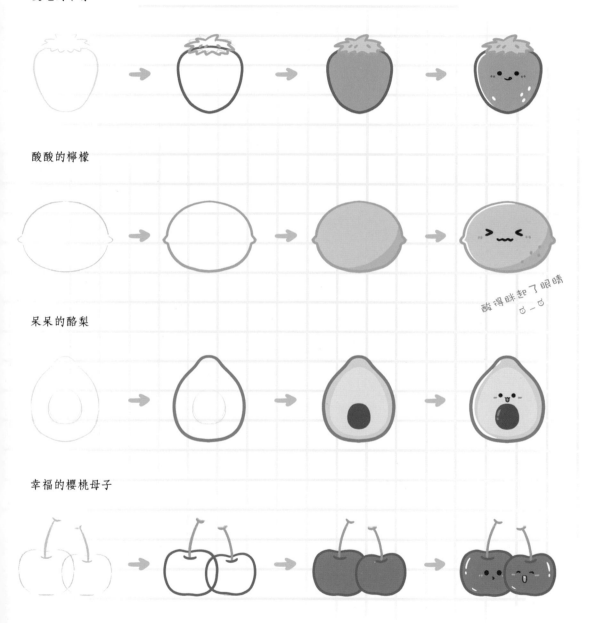

酸酸的檸檬

呆呆的酪梨

幸福的櫻桃母子

酸得瞇起了眼睛
ө_ө

同樣的，大部分的蔬菜也可以用對稱的方法來完成繪製。

接下來，玉米哥哥將代表穀物軍團閃亮登場！

草圖：6B鉛筆

Step 1：建立一個 1500px × 1500px 的畫布，將圖層重新命名為「草圖」，打開繪圖參考線的對稱模式，選擇繪畫輔助，用 6B 鉛筆勾勒出玉米整體的形狀輪廓。

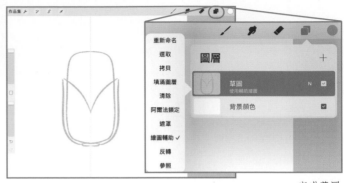

▲ 完成草圖

線稿：畫室畫筆

Step 2：新增兩個圖層，並分別重新命名為「葉子輪廓」和「玉米輪廓」，打開輔助繪圖，分別在兩個圖層中勾勒出玉米的輪廓和葉子的輪廓。

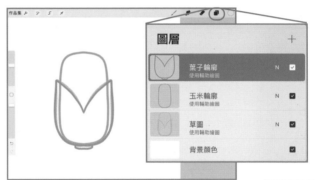

建議色卡
H：38 S：66 B：96

建議色卡
H：61 S：54 B：67

▲ 新增圖層並打開輔助繪圖，完成輪廓線稿的繪製

Step 3：繼續新增兩個圖層，重新命名為「葉脈紋理」和「玉米胎毛」。分別勾勒出葉脈和玉米寶寶的胎毛，使形象更呆萌可愛。

▲ 新增圖層並添加細節

上色：
單線／畫室畫筆

Step 4：複製「玉米輪廓」和「葉子輪廓」圖層，分別命名為「玉米填色」和「葉子填色」，選擇比線稿淺一號的顏色，拖曳顏色來填滿玉米和葉子，交換葉脈紋理和葉子填色圖層的位置。

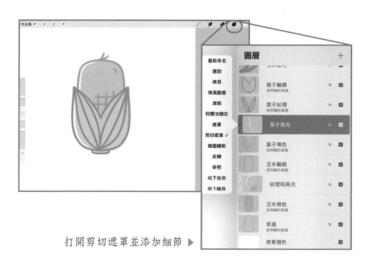

建議色卡
H：43 S：53 B：100

建議色卡
H：60 S：28 B：87

▲ 完成填色

Step 5：分別在「玉米填色」圖層和「葉子填色」圖層上方新增一個圖層，重新命名為「紋理和高光」、「葉子高光」，選擇剪切遮罩，勾勒出玉米的紋理和高光，以及葉子的高光。

打開剪切遮罩並添加細節 ▶

Step 6：在最上方新增一個圖層，為玉米寶寶加上可愛的表情！畫完記得隱藏最下層的草圖圖層，關閉繪圖參考線，玉米寶寶就新鮮上市了！

蔬菜軍團等著你來畫！

剛燙新髮型
的小青菜

不會禿頭
的花椰菜

髮量驚人！
(๑๑_๑)۶

胖嘟嘟的
茄子

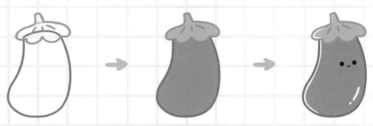

將相關的配菜畫在一起，樂趣加倍！

番茄哥和
雞蛋寶寶

大蔥
和愛睏的豆腐

醒醒，
我們要下鍋啦！

咖哩組合
馬鈴薯和胡蘿蔔

 **可愛烘焙甜點**

誘人的甜點為我們的生活增添許多樂趣。圓潤的造型搭配甜甜的糖果色，裝飾效果超級棒！一起來畫一個香甜軟綿的藍莓蛋糕吧！

草圖：6B鉛筆

Step 1：建立一個 1500px × 1500px 的畫布，並重新命名圖層為「草圖」，用 6B 鉛筆勾勒出三角蛋糕的形狀輪廓，在蛋糕上加兩顆橢圓形的藍莓做裝飾。

露出的蛋糕切面可以展示蛋糕豐富的層次，更能激發食慾喔！

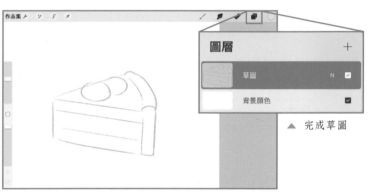

▲ 完成草圖

線稿：畫室畫筆

Step 2：新增一個「蛋糕線稿」圖層，用淺黃色勾勒出蛋糕部分的線條，可以將轉折處畫成圓角，增加軟綿綿的感覺。

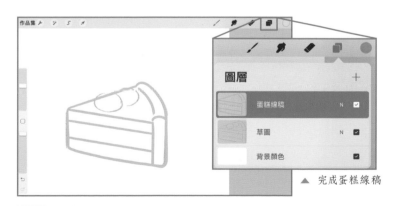

▲ 完成蛋糕線稿

建議色卡
H：39 S：46 B：100

Step 3：新增一個藍莓線稿圖層，用紫色畫出橢圓形的藍莓果實，並在橢圓形的基礎上畫出規則的小葉子，勾勒出藍莓的輪廓。

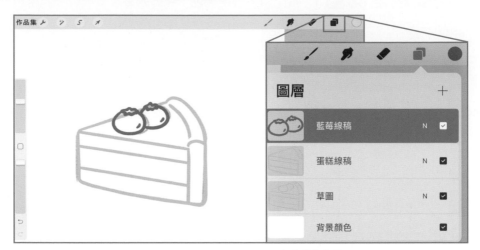

建議色卡
H：273 S：28 B：65

▲ 完成藍莓線稿

上色：噴槍／畫室畫筆

Step 4：在蛋糕的線稿圖層下方新增一個「蛋糕底色」圖層，用比線稿淺一點的黃色塗在蛋糕的側面，隱藏草圖圖層。

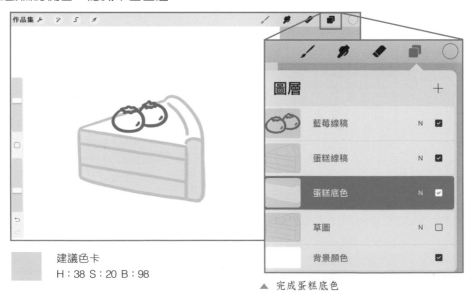

建議色卡
H：38 S：20 B：98

▲ 完成蛋糕底色

Step 5：在蛋糕底色圖層上方新增一個「中間層奶油」圖層，選擇剪切遮罩，用深淺不一的紫色和白色塗出中間層的奶油。

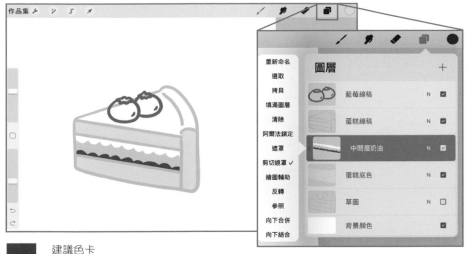

建議色卡
H：274 S：30 B：48

建議色卡
H：274 S：10 B：94

▲　添加剪切遮罩，完成奶油填色

Step 6：在中間奶油圖層上方新增一個「邊緣奶油」圖層，選擇剪切遮罩，用白色塗出邊緣的奶油。

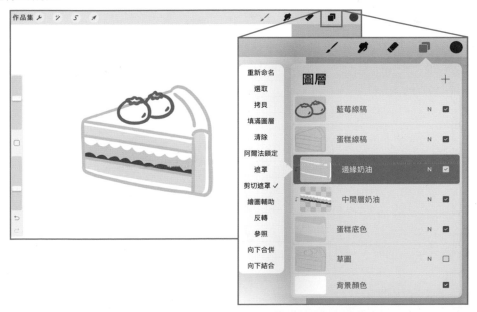

▲　添加剪切遮罩，完成邊緣奶油填色

Step 7：複製藍莓線稿圖層，重新命名為「藍莓上色」圖層，並放在「藍莓線稿」圖層下方，填入紫色，用白色弧線繪出高光。

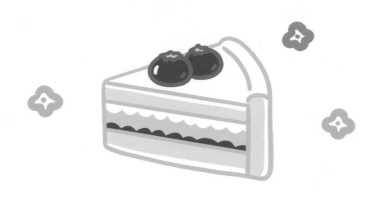

解鎖更多美味甜點！

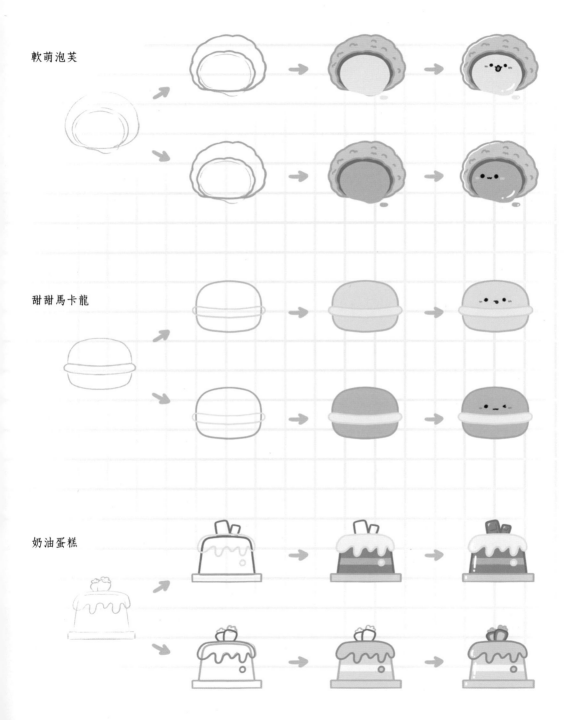

軟萌泡芙

甜甜馬卡龍

奶油蛋糕

下午茶 | 甜蜜的奶茶、醇香的咖啡......
下午茶少了飲品可不行！
一起用珍珠奶茶來解鎖下午茶的繪畫方法吧！

草圖：6B鉛筆

Step 1：建立一個 1500px × 1500px 的畫布，將它重新命名為「杯子圖層」。打開繪圖參考線中的對稱模式，畫出奶茶杯的輪廓。

想畫出可愛的奶茶杯，可以將杯子變矮一點，矮矮胖胖的杯子更可愛喔！

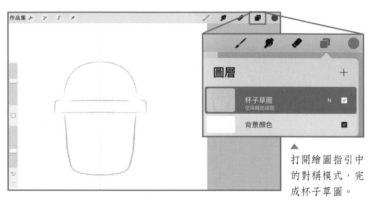

▲ 打開繪圖指引中的對稱模式，完成杯子草圖。

Step 2：新增一個吸管草圖圖層，單獨畫出吸管，斜插在杯子裡。

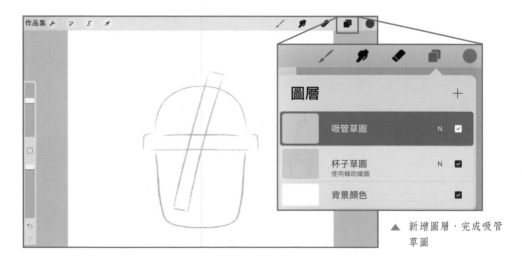

▲ 新增圖層，完成吸管草圖

線稿：畫室畫筆

Step 3：新增一個「杯子線稿」圖層，點按圖層，選擇輔助繪圖，藉助對稱功能勾勒出杯子的線稿。

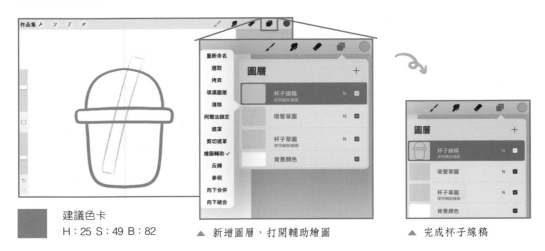

建議色卡
H：25 S：49 B：82

▲ 新增圖層，打開輔助繪圖

▲ 完成杯子線稿

Step 4：新增一個「吸管線稿」圖層，勾勒出吸管的輪廓。

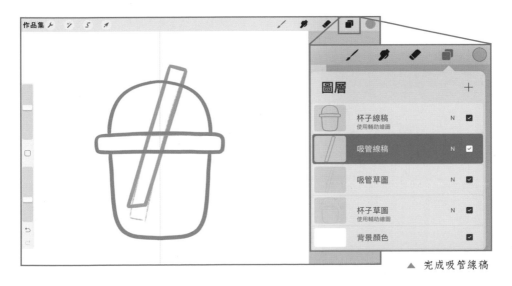

▲ 完成吸管線稿

建議色卡
H：22 S：32 B：87

上色：單線／畫室畫筆

Step 5：在線稿下方新增一個「奶茶」圖層，填入奶茶部分的顏色並隱藏草圖。

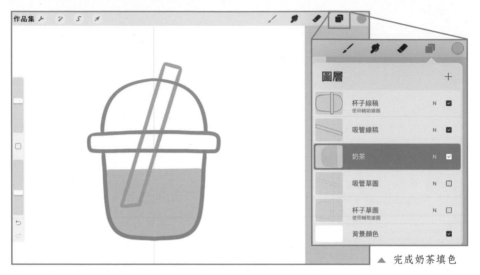

▲ 完成奶茶填色

建議色卡
H：26 S：26 B：94

Step 6：在奶茶圖層上方新增一個「杯壁」圖層，打開剪切遮罩，用白色塗出杯壁的厚度。

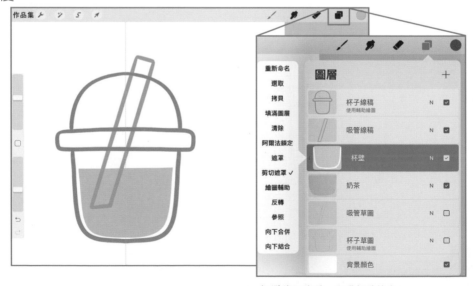

▲ 打開剪切遮罩，完成杯壁填色

Step 7：新增一個「珍珠」圖層，用深色畫出奶茶裡的珍珠，再用稍淺一點的顏色繪出珍珠的高光。珍珠隨機分佈在杯子裡會顯得更可愛。

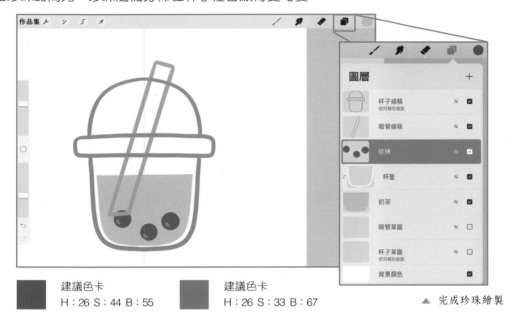

建議色卡　　H：26 S：44 B：55

建議色卡　　H：26 S：33 B：67

▲　完成珍珠繪製

Step 8：複製「吸管線稿」圖層來當作上色圖層，將它放在「吸管線稿」圖層下方，重新命名為「吸管上色」，直接拖曳顏色進行填色。

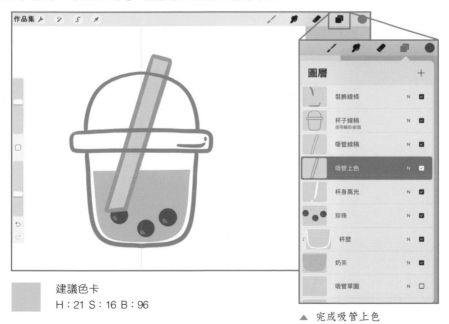

建議色卡　　H：21 S：16 B：96

▲　完成吸管上色

Step 9：加上杯身的裝飾線條和杯壁的高光，
關閉繪圖參考線，甜甜的珍珠奶茶就完成了！

下午茶家族的好夥伴

芒果奶酪

香濃冰淇淋

雪蓋抹茶

 **中式美食**

無論是路邊小吃，還是火鍋大餐，
都是難以拒絕的中式味道！
從捲餅開始，解鎖傳統中式美食！

草圖：6B鉛筆

Step 1：建立一個 1500px × 1500px 的畫布，重新命名為「草圖」。用 6B 鉛筆勾勒出捲餅每個部分的形狀，不用刻畫太多細節，盡量用簡潔的輪廓線概括出每一種食材。

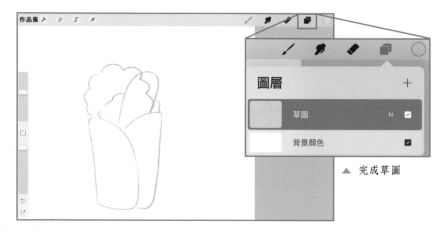

▲ 完成草圖

線稿：畫室畫筆

Step 2：新增一個「捲餅線稿」圖層，用圓潤的弧形勾勒出捲餅的輪廓，在底部隨意點上小圓點作為裝飾。

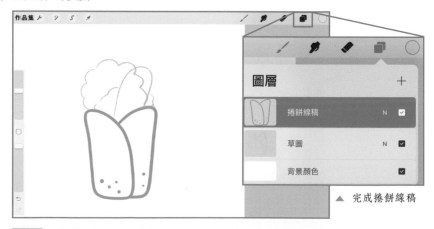

▲ 完成捲餅線稿

建議色卡
H：34 S：59 B：87

Step 3：分別新增 3 個圖層，用不同顏色在個別圖層上勾勒出蔬菜、煎蛋和香腸的形狀，注意食材之間的擺放順序，從上到下依序為「香腸線稿」圖層、「煎蛋線稿」圖層和「蔬菜線稿」圖層。

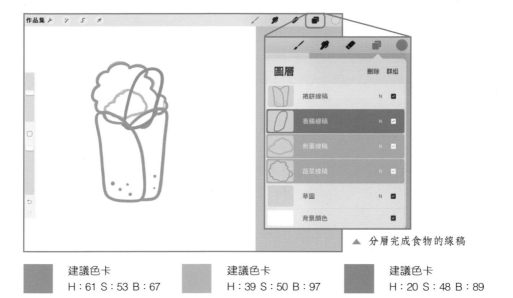

▲ 分層完成食物的線稿

建議色卡
H：61 S：53 B：67

建議色卡
H：39 S：50 B：97

建議色卡
H：20 S：48 B：89

上色：噴槍／畫室畫筆

Step 4：複製「捲餅線稿」圖層來當作上色圖層，放在「捲餅線稿」圖層下方，重新命名為「捲餅上色」，選擇深淺兩個色號的麵餅顏色，分別填充在左右兩邊的區域，然後隱藏草圖。

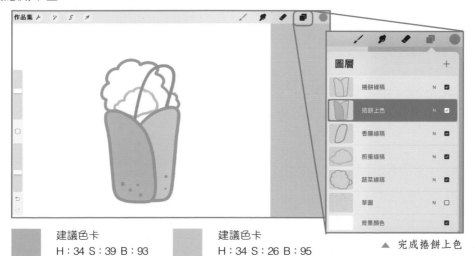

▲ 完成捲餅上色

建議色卡
H：34 S：39 B：93

建議色卡
H：34 S：26 B：95

Step 5：在「捲餅上色」圖層上方新增一個「餅高光」圖層，打開剪切遮罩，用白色勾勒出餅皮邊的高光。

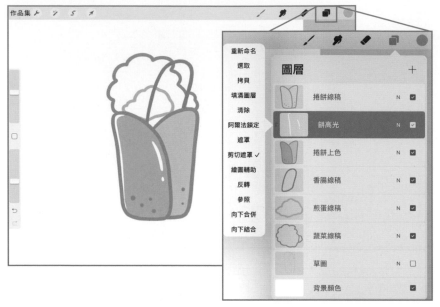

▲ 加上剪切遮罩，完成高光繪製

Step 6：依次複製香腸、煎蛋和蔬菜的線稿圖層，將複製出的下方圖層都當作上色圖層，從上到下分別重新命名為「香腸上色」、「煎蛋上色」和「蔬菜上色」，拖曳顏色來填滿個別區域。

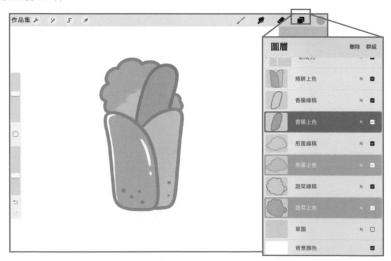

▲ 完成食材上色

建議色卡
H：61 S：40 B：79

建議色卡
H：44 S：54 B：100

建議色卡
H：21 S：35 B：95

Step 7：在最上方新增一個圖層，為食材增添細節。香脆可口的捲餅就完成了！

一起來畫更多美味！

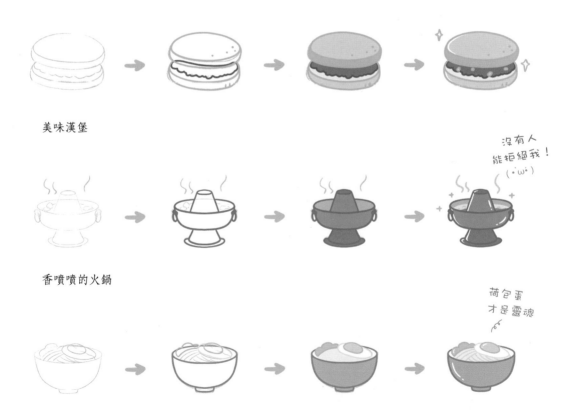

美味漢堡

沒有人
能拒絕我！
(˙ω˙)

香噴噴的火鍋

荷包蛋
才是靈魂

宵夜來碗麵

 **日式料理** 沒有胃口的時候，來一頓日式料理一定不會錯！
一起來解鎖握壽司的顏值擔當 -- 鮭魚壽司吧！

草圖：6B鉛筆

Step 1：建立一個1500px × 1500px的畫布，重新命名為「米飯」草圖。簡單勾勒出壽司米飯部分的形狀輪廓，讓它稍微傾向一邊，會顯得更加生動可愛。

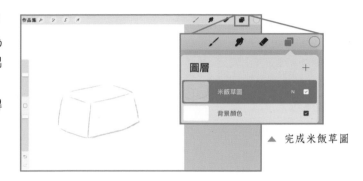

▲ 完成米飯草圖

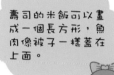

壽司的米飯可以畫成一個長方形，魚肉像被子一樣蓋在上面。

Step 2：在「米飯草圖」圖層的上方新增一個「鮭魚草圖」圖層，用圓潤的線條勾勒出軟軟的魚肉。

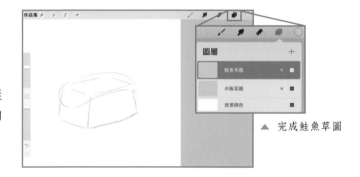

▲ 完成鮭魚草圖

線稿：畫室畫筆

Step 3：新增兩個圖層，分別重新命名為「鮭魚線稿」和「米飯線稿」，在個別圖層中勾勒出魚肉部分和米飯部分的輪廓。米飯部分可以用軟軟的波浪線來畫，會比直線感覺更軟Q。

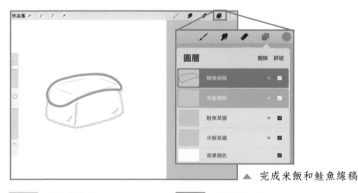

▲ 完成米飯和鮭魚線稿

建議色卡
H：39 S：29 B：99

建議色卡
H：26 S：60 B：100

上色：單線／畫室畫筆

Step 4：幫米飯和鮭魚部分分別填上底色。新增圖層並重新命名為「米飯上色」，米飯部分選擇比線稿淺一號的顏色。鮭魚的部分可以直接複製鮭魚線稿圖層，並重新命名為「鮭魚上色」，拖曳顏色來填色後隱藏草圖。

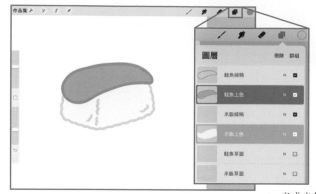

▲ 完成米飯和鮭魚填色

建議色卡
H：36 S：6 B：100

建議色卡
H：26 S：45 B：100

Step 5：在「鮭魚上色」圖層上方新增一個「紋理」圖層，打開剪切遮罩，用同色系較淺的顏色畫出鮭魚的紋路；繼續新增一個「高光」圖層，用白色畫出高光。

打開剪切遮罩，完成鮭魚紋理繪製 ▶

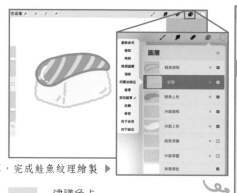

建議色卡
H：27 S：14 B：99

▲ 新增圖層，完成高光繪製

Step 6：加上可愛的表情，一個軟 Q 誘人的鮭魚壽司就完成啦！

解鎖更多人氣日式料理！

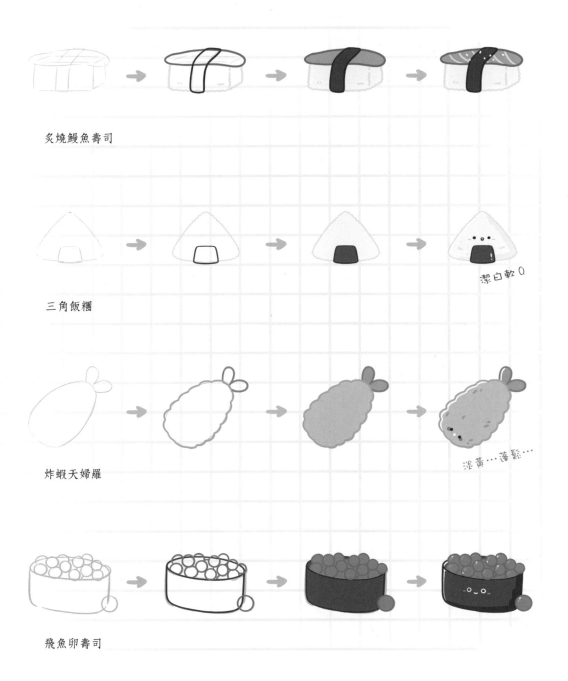

炙燒鰻魚壽司

三角飯糰

潔白軟Q

炸蝦天婦羅

淡黃…蓬鬆…

飛魚卵壽司

多變的天氣

 **天氣圖鑑**

日出日落雲起時，每種天氣都有自己的小脾氣。
從可愛的雲朵寶寶開始，記錄屬於你自己的天氣心情吧！

草圖：6B鉛筆

Step 1：建立一個 1500px × 1500px 的畫布，重新命名圖層為「草圖」，用大小不一的半圓弧勾勒出雲朵的輪廓，整體形狀圓潤飽滿會顯得更加蓬鬆可愛。

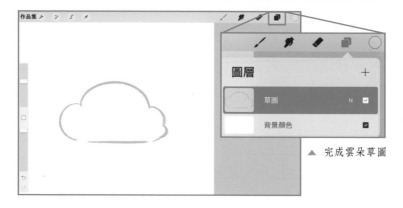

▲ 完成雲朵草圖

線稿：畫室畫筆

Step 2：新增「線稿」圖層，用天藍色勾勒出雲朵的形狀輪廓。每個圓弧用一筆畫完成，可以讓線條看起來更加流暢。

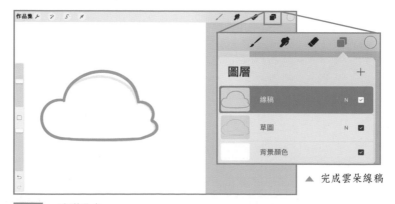

▲ 完成雲朵線稿

建議色卡
H：215 S：44 B：85

上色：畫室畫筆

Step 3：複製一個「線稿」圖層作為「上色」圖層，放在「線稿」圖層下方，直接將白色拖曳到雲朵內部，填滿整個雲朵的區域。

▲ 新增圖層，完成雲朵填色

Step 4：用淺一點的藍色，沿著線稿的邊緣勾勒出粗線條的陰影，再幫雲朵加上一個可愛的表情，又蓬又軟的雲朵寶寶就誕生了！

單獨的小雲朵多用來代表多雲的天氣，是常用的天氣小元素。

在小雲朵的基礎上加上其他天氣小元素，再搭配上合適的表情，就能得到一系列的天氣圖鑑。

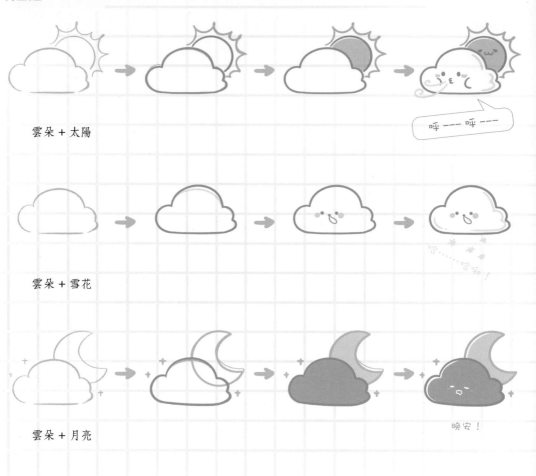

雲朵 + 太陽

呼 --- 呼 ---

雲朵 + 雪花

哈……哈哈！

雲朵 + 月亮

晚安！

將雲朵變換顏色和表情，也能呈現不一樣的天氣情緒。

暴躁的烏雲　　　　　　閃電打雷　　　　　　雨過天晴的彩虹橋

萌萌星球 每個人都有屬於自己的小宇宙，每個小宇宙中都有獨一無二的美麗星球。從一顆小小星球出發，衝向屬於你的浩瀚無垠吧！

草圖：6B鉛筆

Step 1：建立一個 1500px × 1500px 的畫布，重新命名為「星球輪廓草圖」，在此圖層上畫一個圓。

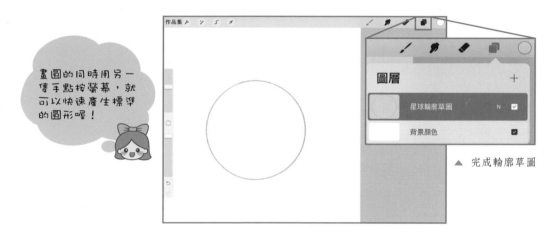

畫圖的同時用另一隻手點按螢幕，就可以快速產生標準的圖形喔！

▲ 完成輪廓草圖

Step 2：新增「光環和流星草圖」圖層。在此圖層上，繞著星球的赤道位置畫出兩道長弧線，形成光環。在星球上方畫一顆星星，用長弧線勾勒出漂亮的尾跡。

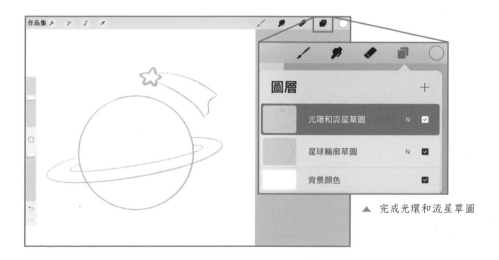

▲ 完成光環和流星草圖

線稿：畫室畫筆

Step 3：新增 4 個圖層，選擇兩種喜歡的顏色進行搭配，分別勾勒出星球、光環、流星的尾跡和流星，將 4 個圖層分別命名為「星球線稿」、「光環線稿」、「流星尾跡線稿」和「流星線稿」，並隱藏草圖。

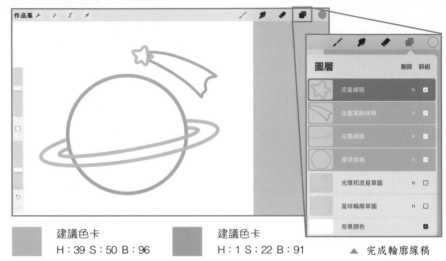

建議色卡　　　　　　　　　　建議色卡　　　　　　　▲ 完成輪廓線稿
H：39 S：50 B：96　　　　　H：1 S：22 B：91

上色：單線／畫室畫筆

Step 4：分別複製「星球線稿」圖層、「流星尾跡線稿」圖層和「流星線稿」圖層作為上色圖層，分別重新命名為「光環上色」、「流星尾跡填色」、「流星填色」，拖曳比線稿淺一號的顏色填在對應的區域中。在光環線稿圖層下方複製一個圖層，重新命名為「光環上色」，用單線筆刷為光環上色。

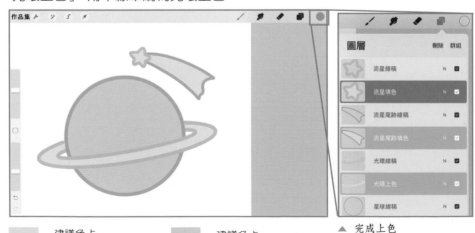

建議色卡　　　　　　　　　　建議色卡　　　　　　　▲ 完成上色
H：39 S：21 B：98　　　　　H：355 S：14 B：100

最後，幫小星球加上表情，用粉紅色塗腮紅，萌萌的小星球誕生了！

憂鬱星球

迷途飛碟

喵喵星球

暴躁火箭

旅途的風景

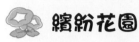 **繽紛花園** | 玫瑰的浪漫，雛菊的恬靜，向日葵的燦爛......
在療癒心靈的花園漫步，從一朵點亮春天的櫻花開始吧！

草圖：6B鉛筆

Step 1：建立一個 1500px × 1500px 的畫布，重新命名為「草圖」。打開繪圖參考線裡的對稱模式，借助對稱模式勾勒出五片花瓣，並在每片花瓣的頂部畫出小小的 V 字缺口，做為櫻花的基礎輪廓。

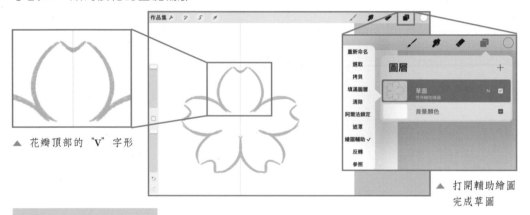

▲ 花瓣頂部的 "V" 字形

▲ 打開輔助繪圖
完成草圖

線稿：乾式墨粉

Step 2：新增一個「線稿」圖層，打開圖層的輔助繪圖功能，用粉紅色勾勒出花瓣的輪廓，隱藏「草圖」圖層。

▲ 打開輔助繪圖完成線稿

建議色卡
H：12 S：26 B：96

上色：乾式墨粉

Step 3：複製出一個「線稿」圖層作為底色圖層，並重新命名為「底色」。選擇比線稿淺一號的粉色，將此顏色拖曳到花瓣的區域中，幫櫻花填上底色。

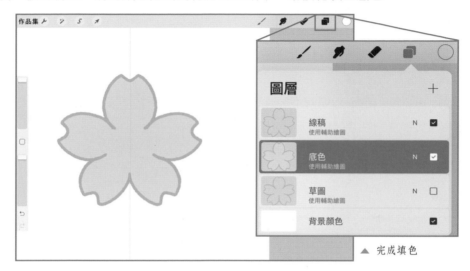

▲ 完成填色

建議色卡
H：12 S：12 B：99

Step 4：新增一個「花蕊」圖層，選擇淺黃色，在花蕊的位置畫一個圓。

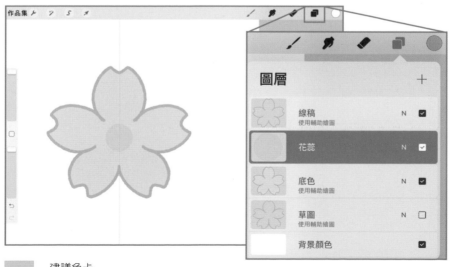

▲ 完成花蕊繪製

建議色卡
H：39 S：38 B：100

Step 5：新增一個「花瓣裝飾」圖層，用白色在每一個花瓣中間畫出點和短線，作為花瓣的裝飾。

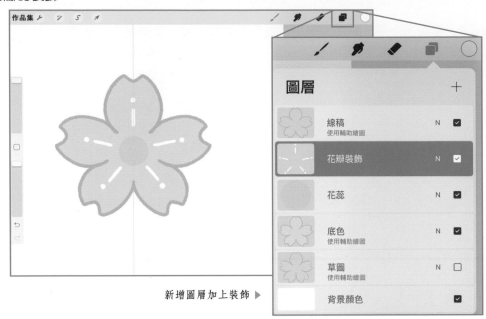

新增圖層加上裝飾 ▶

Step 6：最後新增一個「高光」圖層，用白色在花瓣和花蕊的邊緣勾勒出高光的部分，增加層次感。一朵甜美的櫻花就完成了！

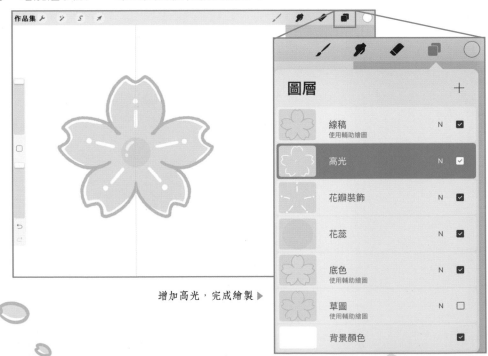

增加高光，完成繪製 ▶

繼續漫步花園，享受百花盛開的春色美景。

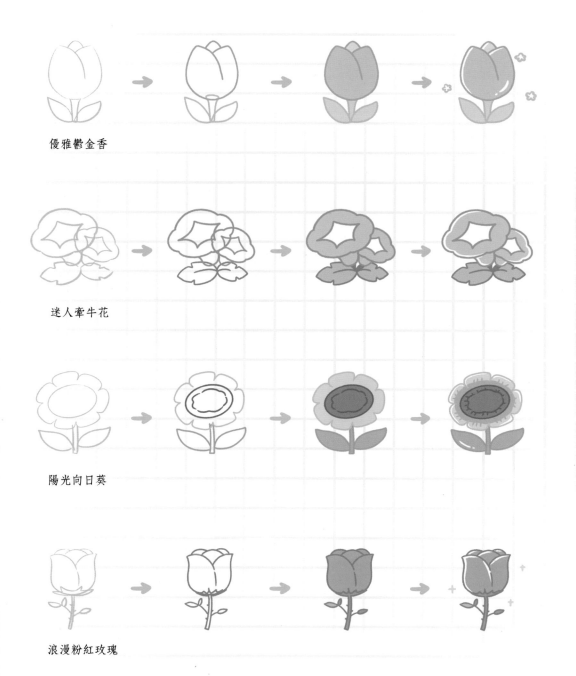

優雅鬱金香

迷人牽牛花

陽光向日葵

浪漫粉紅玫瑰

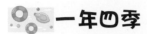一年四季

春夏秋冬，四時交替，旅途中總有讓人快樂的風景。
從生機盎然的春天開始，紀錄四季的迷人風景吧！

草圖：6B鉛筆

Step 1：建立一個 1500px × 1500px 的畫布，重新命名為「草圖樹木」。用不規則的波浪線畫出草叢和樹冠的形狀，添加樹幹，讓畫面更完整。

▲ 完成樹木草圖

Step 2：新增一個「草圖花和蘑菇」圖層，在左邊區域添加具有春天氣氛的小元素如櫻花和蘑菇，並在天空畫上一些紛飛的花瓣。

▲ 添加櫻花和蘑菇

線稿：乾式墨粉

Step 3：新增 5 個圖層，用不同的顏色在個別圖層中勾勒出樹幹、草叢和樹葉、櫻花、蘑菇的身體和頭部，讓每個部分的輪廓都完整閉合。注意圖層之間的順序，由上到下依次是「蘑菇頭部」、「蘑菇身體」、「櫻花」、「草叢和樹葉」、「樹幹」。畫好之後隱藏草圖。

建議色卡
H：20 S：60 B：84

建議色卡
H：28 S：10 B：98

建議色卡
H：61 S：53 B：67

建議色卡
H：12 S：27 B：96

建議色卡
H：29 S：56 B：58

完成線稿 ▶

上色：乾式墨粉

Step 4：分別複製出 5 個線稿圖層，放在線稿圖層下方做為上色圖層，並個別重新命名。選擇比線稿淺一點的同色系顏色，拖曳填入個別區域中。

建議色卡
H：21 S：39 B：91

建議色卡
H：25 S：7 B：100

建議色卡
H：61 S：40 B：79

建議色卡
H：21 S：16 B：96

建議色卡
H：28 S：53 B：70

完成填色 ▶

Step 5：分別在「草叢和樹葉填色」圖層、「櫻花填色」圖層和「蘑菇頭部填色」圖層上方新增一個圖層，點按圖層選擇剪切遮罩，勾勒出花瓣和樹葉的高光、蘑菇的紋理。

建議色卡
H：21 S：29 B：97

▲ 打開剪裁剪切遮罩完成細節刻畫

Step 6：在所有正稿圖層下方新增一個圖層，畫一個粉紅色矩形作為背景，讓畫面看起來更溫馨、更完整。迷人的春天景象就完成了！

用同樣的方法，畫出其他季節的浪漫風光。

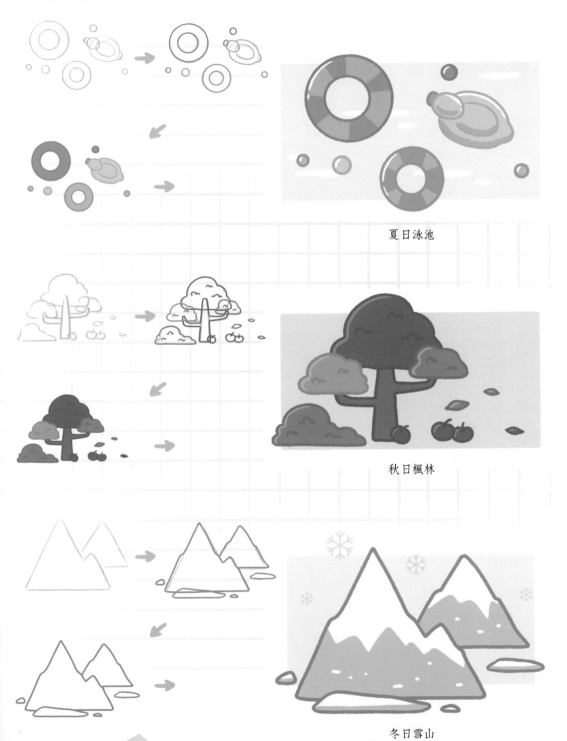

夏日泳池

秋日楓林

冬日雪山

快樂的節日

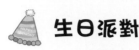 **生日派對** │ 生日是一年一度的狂歡日，每個細節都值得回憶和珍藏！從最甜蜜的生日蛋糕開始，用筆刷定格這個美好的日子吧！

草圖：6B鉛筆

Step 1：建立一個 1500px × 1500px 的畫布，重新命名為「蛋糕草圖」，畫一個雙層蛋糕和一個蛋糕底座，在蛋糕的上層和下層用不規則的波浪線勾勒出奶油的形狀。

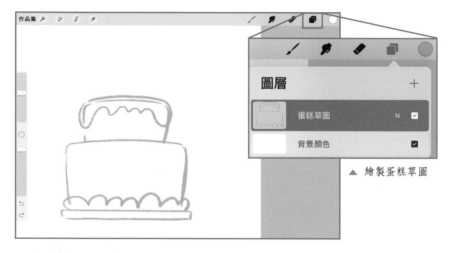

▲ 繪製蛋糕草圖

Step 2：新增一個「裝飾元素草圖」圖層，在蛋糕頂部和蛋糕主體部分加上小愛心、小星星等可愛的裝飾元素。

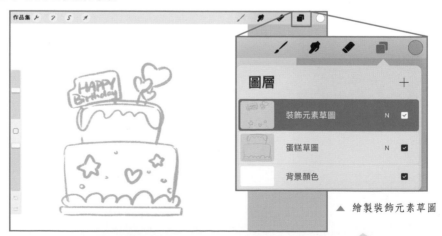

▲ 繪製裝飾元素草圖

線稿：乾式墨粉

Step 3：新增一個「蛋糕線稿」圖層和一個「裝飾元素線稿」圖層，選擇棕色，用乾式墨粉筆刷勾勒出蛋糕和裝飾元素的輪廓。

▲ 繪製蛋糕線稿

建議色卡
H：29 S：56 B：58

上色：單線／乾式墨粉

Step 4：新增 3 個圖層，選擇甜美的馬卡龍色為蛋糕和底座填上底色，並分別重新命名圖層為「下層蛋糕底色」、「上層蛋糕底色」、「底座」。

分圖層填色 ▶

建議色卡
H：21 S：16 B：96

建議色卡
H：40 S：20 B：98

建議色卡
H：39 S：50 B：96

75

Step 5：新增兩個圖層，重新命名為「上層裝飾元素」和「下層裝飾元素」，分別為頂部和下層蛋糕上的小裝飾填上底色，注意顏色種類盡量控制在 3 種以內。

分圖層完成小裝飾的填色 ▶

建議色卡
H：215 S：27 B：90

建議色卡
H：12 S：26 B：96

建議色卡
H：39 S：50 B：96

Step 6：新增兩個圖層，重新命名為「下層蛋糕花紋」和「上層蛋糕花紋」，選擇比蛋糕深一號的顏色，在蛋糕上畫出漂亮的紋理。

新增圖層，繪製蛋糕花紋 ▶

Step 7：新增一個「陰影」圖層，選擇乾性墨筆刷，用淺黃色畫出奶油的陰影以表現質感，最後隱藏兩個草圖圖層。

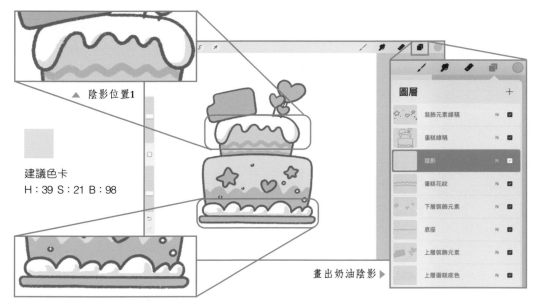

▲　陰影位置1

建議色卡
H：39 S：21 B：98

畫出奶油陰影 ▶

▲　陰影位置2

Step 8：使用乾式墨粉筆刷，選擇白色，分別新增兩個圖層，一個作為「高光」圖層，重新命名為「高光」，畫出蛋糕邊緣的高光；另一個作為文字圖層，寫上「Happy Birthday」並重新命名圖層為「happy birthday」，可愛的生日蛋糕就完成啦！

繪製高光和文字 ▶

美妙的生日派對需要它們！

奇妙萬聖節

飛來飛去的小幽靈，戴上尖尖的巫師帽，萬聖夜的放肆狂歡簡單又快樂。從萌萌的南瓜燈開始，一起踏上奇妙萬聖節之旅吧！

草圖：6B鉛筆

Step 1：建立一個 1500px × 1500px 的畫布，重新命名為「南瓜草圖」。打開繪圖參考線，選擇對稱模式，畫出南瓜的外輪廓，中間大、兩邊稍小會顯得更可愛。

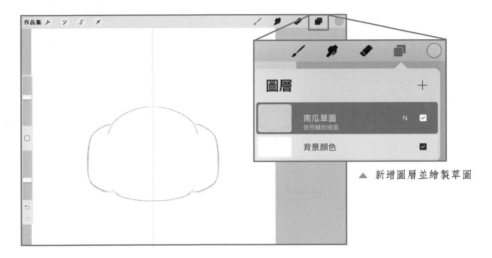

▲ 新增圖層並繪製草圖

Step 2：新增一個「帽子和表情草圖」圖層，在此圖層上幫南瓜燈加上一個使壞的小表情，並戴上一頂巫師帽。

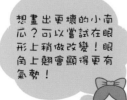

想畫出更壞的小南瓜？可以嘗試在眼形上稍做改變！眼角上翹會顯得更有氣勢！

▲ 繪製帽子和表情草圖

線稿：乾式墨粉

Step 3：新增 3 個線稿圖層，分別重新命名為「南瓜線稿」、「帽子線稿」和「可愛表情」，在個別圖層中勾勒出南瓜的輪廓、帽子的輪廓和使壞的小表情。

建議色卡
H：29 S：56 B：58

▲ 分圖層繪製線稿

上色：乾式墨粉

Step 4：分別複製南瓜和帽子的線稿圖層，放在線稿圖層下方作為填色圖層，並重新命名為「南瓜上色」和「帽子上色」，將南瓜色和帽子色拖曳到對應的區域。

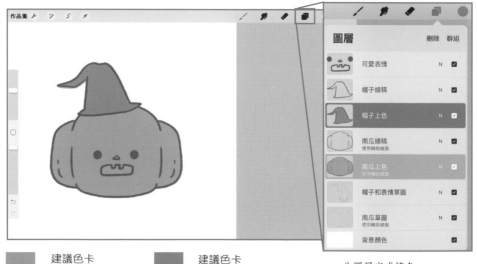

建議色卡
H：25 S：45 B：95

建議色卡
H：272 S：20 B：74

▲ 分圖層完成填色

Step 5：新增一個「五官上色」圖層，放在「可愛表情」圖層下方，在此圖層中為鼻子和嘴巴區域塗上黃色，繼續新增一個「高光和腮紅」圖層，在此圖層中為南瓜畫上高光和腮紅。

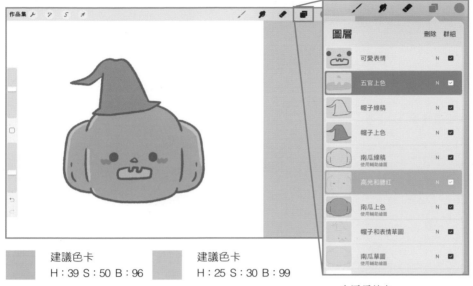

建議色卡
H：39 S：50 B：96

建議色卡
H：25 S：30 B：99

建議色卡
H：25 S：58 B：89

▲　分圖層填色

Step 6：在「帽子上色」圖層上方新增一個「帽子底紋」圖層，打開剪切遮罩，用乾式墨粉筆刷畫上星星作為裝飾。再新增一個「星星裝飾」圖層。在南瓜燈周圍隨意加上十字形的小星星，可愛的大腦袋南瓜燈就完成了！

建議色卡
H：39 S：50 B：96

增加裝飾，完成繪圖 ▶

和它們一起裝扮萬聖夜吧！

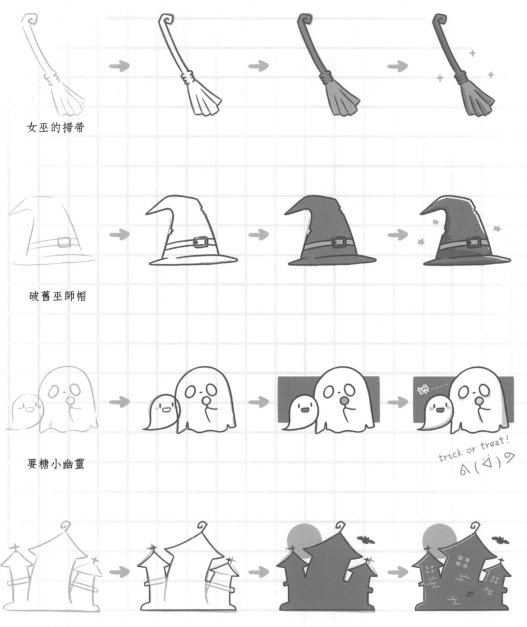

女巫的掃帚

破舊巫師帽

要糖小幽靈

trick or treat!
d(´д`)b

神秘的古堡

暖心聖誕節

雪花飛舞的季節，總有一棵璀璨的聖誕樹點亮冬天！
拿起筆刷，裝扮一棵繽紛多彩的聖誕樹吧！

草圖：6B鉛筆

Step 1：建立一個 1500px × 1500px 的畫布，重新命名為「聖誕樹草圖」，打開繪圖參考線裡的對稱模式。點按圖層選擇輔助繪圖，用三角形和梯形堆疊出聖誕樹的形狀。

▲ 打開輔助繪圖，繪製草圖

線稿：乾式墨粉

Step 2：新增一個「聖誕樹線稿」圖層，打開圖層的繪畫輔助功能，用乾式墨粉筆刷勾勒出聖誕樹的輪廓。

 建議色卡
H：29 S：56 B：59

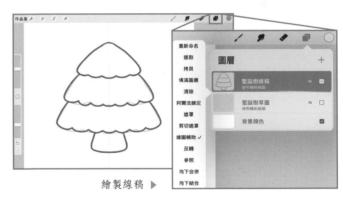

繪製線稿 ▶

上色：乾式墨粉

Step 3：複製「聖誕樹線稿」圖層作為上色圖層，放在線稿圖層下方，並重新命名為「聖誕樹上色」。在新圖層中，由淺到深在樹冠填上綠色，在樹幹部分填上棕色。

▲ 完成鋪色

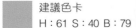 建議色卡
H：61 S：40 B：79

 建議色卡
H：61 S：54 B：67

 建議色卡
H：61 S：60 B：54

 建議色卡
H：28 S：49 B：68

Step 4：新增一個「樹葉」圖層，在每一層樹冠上，用比樹冠淺一號的綠色小波浪線表現樹葉的豐盈感。

建議色卡
H：61 S：54 B：67

建議色卡
H：61 S：40 B：79

建議色卡
H：61 S：27 B：89

▲ 繪製樹葉

Step 5：新增 3 個圖層，分別命名為「星星燈」、「電線」、「大星星」。在聖誕樹頂部畫一顆星星作為裝飾，繞著樹冠用長弧線畫出星星串燈的電線，掛上小星星燈來妝點聖誕樹。

建議色卡
H：38 S：33 B：100

分　制五角星、　和星星　　▶

Step 6：在聖誕樹上掛上具有聖誕氛圍的聖誕襪和柺杖糖作為裝飾！

一大群聖誕小可愛正在接近中！

聖誕帽

雪人紳士

想看看夏天...

聖誕老人

鼻子總是被凍得紅紅的

可愛馴鹿

Lesson ④

活用圓弧線條，畫出各種動物

🐾 萬能的圓圈　🐾 賦予寵物豐富表情　🐾 打造獨特氣質

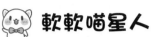 **軟軟喵星人** 沒有人拒絕得了一隻香香軟軟的小貓咪！在下面的單元中，讓我們一起大口吸貓！

草圖：6B鉛筆

Step 1：建立一個 1500px × 1500px 的畫布，重新命名為「頭部草圖」，打開繪圖參考線的對稱模式。點按圖層，選擇輔助繪圖，畫一個上小下大、扁扁的橢圓形作為貓咪的腦袋，在腦袋兩邊偏上的位置加上兩個豎起的小耳朵。

畫可愛小動物的時候，可以把臉畫胖一點，並放大耳朵或其他代表性的特徵。

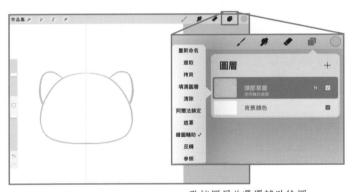

▲ 點按圖層並選擇輔助繪圖

Step 2：新增一個「身體草圖」圖層，打開圖層的繪畫輔助，在此圖層中畫出小小的身體，並且幫貓咪戴上蝴蝶結。

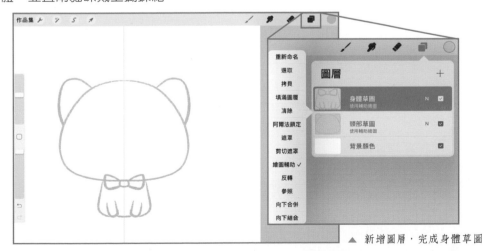

▲ 新增圖層，完成身體草圖

Step 3：新增一個「五官草圖」圖層，打開圖層的輔助繪圖，在此圖層上幫貓咪加上可愛的五官和觸鬚。

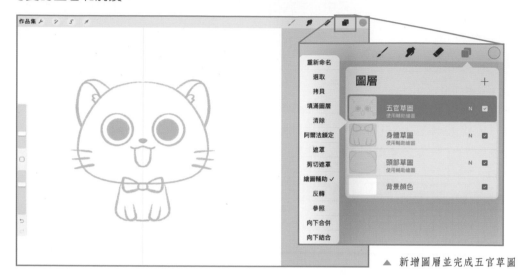

▲ 新增圖層並完成五官草圖

Step 4：新增一個「尾巴草圖」圖層，在身體的一側畫出貓咪的小尾巴。

▲ 完成尾巴草圖

大大圓圓的眼睛可以增加貓咪的活力感，如果想表現貓咪慵懶的氣質，可以嘗試讓貓咪的眼睛瞇起來。

線稿：乾式墨粉

Step 5：新增一個「線稿」圖層，打開圖層的輔助繪圖，用棕色勾勒出貓咪身體、五官和觸鬚部分的線稿輪廓，畫好之後關閉圖層的輔助繪圖，單獨勾勒出尾巴，畫好之後隱藏草圖圖層。

建議色卡
H：29 S：62 B：58

▲ 新增圖層並完成線稿

▲ 隱藏所有草圖圖層

上色：乾式墨粉

Step 6：新增一個「底色」圖層，用喜歡的顏色畫出一個矩形，並放在線稿圖層下方。

建議色卡
H：18 S：19 B：99

▲ 填上一個底色

Step 7：在「底色」圖層上方新增一個「身體填色」圖層，在此圖層中幫貓咪的身體填上白色。

在畫花紋貓咪時也可以先上一層底色，再利用剪切遮罩畫出花紋的顏色。

完成身體填色 ▶

Step 8：新增一個「臉部上色」圖層，打開圖層的輔助繪圖，利用對稱功能更快速地幫貓咪的耳朵、臉部和蝴蝶結上色。

建議色卡
H：21 S：31 B：92

建議色卡
H：198 S：15 B：95 ▲

建議色卡
H：12 S：27 B：96

建議色卡
H：13 S：38 B：91

利用輔助繪圖完成耳朵、臉部和蝴蝶結的上色

Step 9：在「線稿」圖層上方新增一個「星星眼」圖層，在此圖層中幫貓咪的眼睛畫上小星星和裝飾圓點！

建議色卡
H：36 S：56 B：99

▲　完成星星眼繪製

Step 10：新增一個圖層，在背景色塊的留白區域加上十字形小星星的裝飾，然後關閉繪圖參考線，就繪製完成了！

在這隻小貓咪形象的基礎上畫出不同的花紋，一窩可愛爆表的小貓咪就出現了！

賦予小貓咪更豐富的表情，會倍感療癒！

開心喵

熟睡喵

委屈喵

饞嘴喵

每一種貓咪

都有屬於自己的獨特氣質。

甜美布偶

「挖煤」暹羅

乖巧英短

呆萌折耳

乖巧汪星人 是活潑可愛的搗蛋鬼，也是乖巧暖心的大絨毛玩具。
胖呼呼的小柴柴，代表汪星人前來報到！

草圖：6B鉛筆

Step 1：建立一個 1500px × 1500px 的畫布，重新命名為「草圖」，畫一個大大圓圓的包子臉，加上可愛的胎毛、耳朵和表情，再加上短小的身體和四肢。

狗狗的畫法和貓咪相似，可以透過指標性的動作和表情來表現不同狗狗的性格。

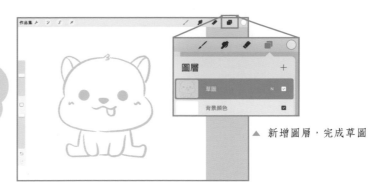

▲ 新增圖層，完成草圖

線稿：乾式墨粉

Step 2：新增一個「線稿」圖層，選擇深棕色，勾勒出柴犬的輪廓，盡可能保持線條柔軟，讓小狗看起來更可愛。畫好之後將草圖圖層隱藏起來。

▲ 新增圖層完成線稿

建議色卡
H：29 S：62 B：58

上色：乾式墨粉

Step 3：複製一個「線稿」圖層作為小狗的底色圖層，重新命名為「身體填色」，選擇淺橘色，然後將顏色拖曳到小狗的身體區域中。

▲ 完成身體填色

建議色卡
H：29 S：37 B：96

Step 4：在「身體填色」圖層上方新增一個「白毛」圖層，打開圖層的剪切遮罩，選擇白色，用乾式墨粉筆刷畫出白毛的部分。

▲ 利用剪切遮罩完成白毛填色

Step 5：新增一個「舌頭和腮紅」圖層，畫出萌萌的小舌頭和腮紅。

吐舌是狗狗常
見的動作，粉
粉的小舌頭和
腮紅呼應，更
顯可愛俏皮！

建議色卡
H：19 S：44 B：100

▲ 完成舌頭和腮紅繪製

Step 6：新增一個「耳朵」圖層，用粉色畫出耳朵內部的粉色區域；點按圖層，選擇「阿爾法鎖定」，在粉色區域的外圈勾出白邊。

建議色卡
H：18 S：19 B：99

▲ 利用阿爾法鎖定幫耳朵填色

Step 7：在小狗的「身體填色」圖層下方新增一個「草地背景」圖層，畫出一塊橢圓形的草地，用小波浪凸起代表雜草。

建議色卡
H：60 S：54 B：74

▲ 完成草地背景繪製

Step 8：在「線稿」圖層上方新增一個「草地前景」圖層，同樣用綠色波浪形凸起畫出前景的雜草，看起來就像小狗坐在草叢裡。

▲ 完成草地前景繪製

Step 9：新增一個「眼睛高光」圖層，幫小狗的眼睛點上白色的高光。

▲ 完成眼睛高光繪製

Step 10：新增圖層，用淺一號的綠色畫出草地的紋理，在小狗周圍加上小星星的裝飾。萌萌的小柴柴就完成了！

更多乖巧汪星人等你來抱走！

聰明小金毛

翹臀胖柯基

大鬍子雪納瑞

巧克力泰迪

兔子毛茸茸

圓滾滾的腮幫子，柔軟蓬鬆的毛髮，愛吃蔬菜的小動物都是小天使！讓我們先來繪製可愛的小兔子吧！

草圖：6B鉛筆

Step 1：建立一個 1500px × 1500px 的畫布，重新命名為「身體草圖」，畫出包子狀的大腦袋和小小的身體，再加上豎起的長耳朵。

兔兔都有圓鼓鼓的腮幫子，搭配標誌性的長耳朵，賣萌必備！

▲　完成身體草圖

Step 2：新增一個「五官草圖」圖層，幫兔兔加上萌萌的大眼睛、鼻子、嘴巴和手裡的胡蘿蔔。

▲　完成五官草圖

線稿：乾式墨粉

Step 3：新增一個「線稿」圖層，選擇棕色，用乾式墨粉筆勾勒出兔兔的輪廓，畫完之後隱藏所有草圖圖層。

▲ 完成線稿，隱藏所有
草圖圖層

建議色卡
H：29 S：62 B：58

上色：單線／乾式墨粉

Step 4：新增一個「背景色」圖層，用乾式墨粉筆畫一個綠色方塊當作底色，放在「線稿」圖層下方。

建議色卡
H：59 S：31 B：87

▲ 填上背景

Step 5：新增一個「身體填色」圖層，用畫室畫筆以與線稿相同的顏色沿線稿邊緣勾勒出兔兔的形狀，將白色拖曳到兔子的身體區域中。

▲ 填入身體顏色

Step 6：在「身體填色」圖層上方新建一個「耳朵和腮紅」圖層，幫兔兔塗上粉色的耳朵和腮紅。

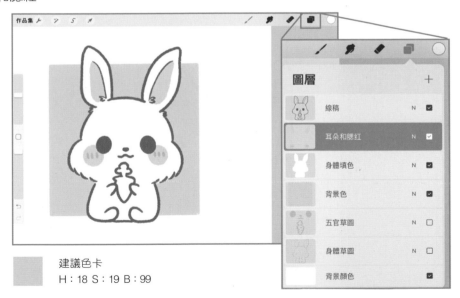

建議色卡
H：18 S：19 B：99

▲ 填充耳朵和腮紅顏色

Step 7：繼續新增一個「胡蘿蔔」圖層，幫胡蘿蔔填上顏色，並用短線條畫出胡蘿蔔的紋理。

建議色卡
H：25 S：67 B：96

▲ 填充胡蘿蔔顏色

Step 8：在兔兔的身邊畫出橘色的小花作為裝飾，兔兔就繪製完成啦！

朝氣滿滿的小動物家族集合啦！

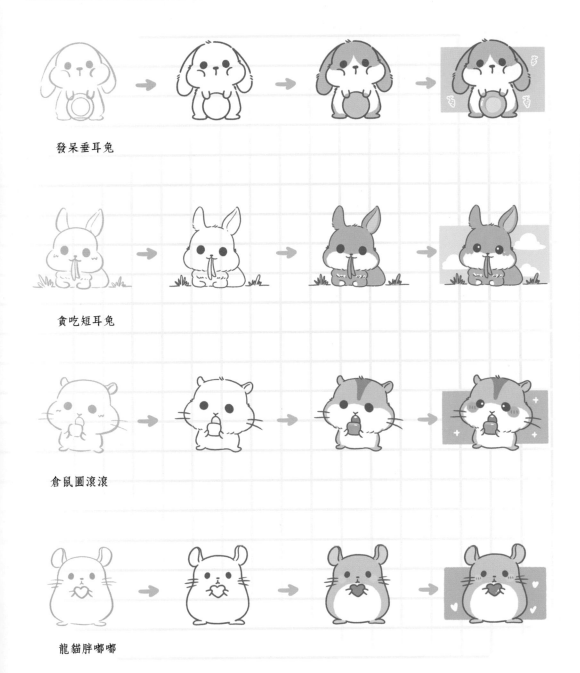

發呆垂耳兔

貪吃短耳兔

倉鼠圓滾滾

龍貓胖嘟嘟

圓圈變動物

除了把動物的頭部放大、身體縮小以外，用一個圓圈來概括小物的基本形狀，也可以獲得意想不到的可愛效果！讓我們嘗試一個圓圈出發，畫出可愛的小熊貓吧！

草圖：6B鉛筆

Step 1：建立一個 1500px × 1500px 的畫布，重新命名為「基礎形狀」。隨手畫一個圓圈，不用太規則和對稱。

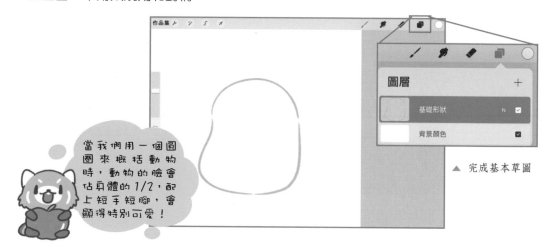

當我們用一個圓圈來概括動物時，動物的臉會佔身體的 1/2，配上短手短腳，會顯得特別可愛！

▲ 完成基本草圖

Step 2：新增一個「增加五官細節」圖層，把圓圈的上半部分視作動物的頭部，根據小熊貓的五官特徵來添加頭部兩側的蓬鬆毛髮和小耳朵。在上半部的中間位置畫出小熊貓的臉，中間用小小的半圓弧畫出小爪子，在圓圈底部畫出小熊貓粗壯的尾巴。

▲ 完成五官草圖

Step 3：新增一個「可愛小道具」圖層，增加可愛小元素，比如在小熊貓頭頂上畫一個小蘋果。

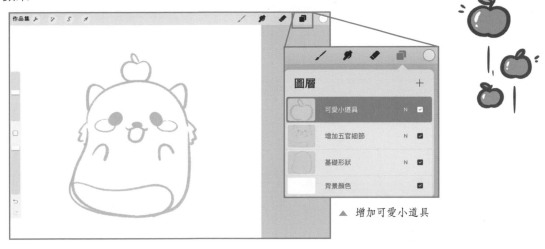

▲ 增加可愛小道具

線稿：乾式墨粉

Step 4：新增兩個線稿圖層，重新命名為「小熊貓線稿」和「蘋果線稿」，分別勾勒出小熊貓和蘋果的輪廓，畫完之後隱藏草圖圖層。

建議色卡
H：29 S：62 B：58

▲ 完成線稿後，隱藏草圖圖層

上色：乾式墨粉

Step 5：複製出一個「小熊貓」線稿圖層作為上色圖層，重新命名為「身體鋪色」，選擇淺橘色並拖曳顏色到小熊貓的身體區域中。根據小熊貓的毛色特徵，在臉部畫出白色的毛髮。

建議色卡
H：26 S：37 B：99

▲ 完成身體填色

Step 6：新增一個「紋理」圖層，打開剪切遮罩，用深色畫出小熊貓身體的重點色。

建議色卡
H：26 S：46 B：69

▲ 利用剪切遮罩完成紋理繪製

Step 7：分別新增兩個圖層，重新命名為「嘴」和「蘋果」，幫小熊貓的嘴和頭頂的蘋果塗上顏色。

建議色卡
H：9 S：41 B：90

▲ 完成配件填色

Step 8：在「身體鋪色」圖層下方新增兩個圖層，在一個圖層中畫一個矩形底色，然後在另一個圖層中加上小星星作為裝飾。圓圈就變成小熊貓啦！

用相同的畫法,把圓圈變成各種可愛的動物。

吃瓜小熊

氣球小豬

慵懶熊貓

貪吃無尾熊

送禮小鹿

捲毛小羊

冰棒企鵝

發呆狐狸

Lesson ⑤

畫出生動的表情，
讓萌度爆表

畫一個 Q 版角色

有了可愛的臉型，
塑造 Q 版人物就成功一半了！

Q版角色的臉型

最常見的可愛臉型

圓臉

圓臉適合一切可愛的人物，溫柔、百搭

包子臉

肉嘟嘟的可愛包子臉，讓人想捏一把

有助於展現人物性格的其他可愛臉型

小方臉

小方臉很適合男孩，可以增加呆萌感

嘟嘟臉

臉微微朝向一邊，顯得更俏皮、活潑

哇，原來我也可以變得
這麼萌！

Q版臉型對性別和年齡沒
有限制，非常百搭喔！

小圓臉的誕生

小圓臉是Q版角色的基礎臉型，和任何髮型都很百搭。

草圖：6B鉛筆

Step 1：新增一個 2000px × 2000px 的畫布，重新命名為「草圖」，選擇素描分類中的 6B 鉛筆，在第一個圖層中簡單勾勒出頭部輪廓、耳朵輪廓和五官十字線。

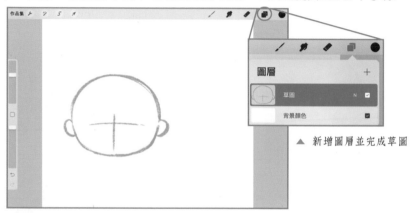

▲ 新增圖層並完成草圖

線稿：畫室畫筆

Step 2：在「草圖」圖層上方新增一個「臉部輪廓」圖層，選擇著墨分類中的畫室畫筆，勾勒出臉部輪廓和耳朵。再新增一個「五官」圖層，依據五官十字線，畫上圓圓的大眼睛和可愛的小嘴。

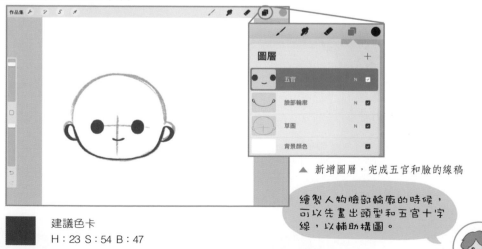

▲ 新增圖層，完成五官和臉的線稿

繪製人物臉部輪廓的時候，可以先畫出頭型和五官十字線，以輔助構圖。

建議色卡
H：23 S：54 B：47

Step 3：新增一個「頭髮輪廓」圖層，在剛剛畫的頭型基礎上向外擴展，畫出髮型的輪廓，確認頭髮有一定的厚度；可以在頭頂畫出翹髮，增添可愛感。

▲　勾勒出頭髮

Step 4：隱藏「草圖」圖層，繼續新增一個「身體」圖層，幫小人兒勾勒出小巧的身形；畫好之後，擦掉身體遮住頭髮部分的線條。

▲　新增圖層並完成身體繪製

上色：單線／畫室畫筆

Step 5：在「草圖」圖層上方新增一個「上色」圖層，選擇書法分類中的「單線」筆刷，分區域塗上底色。

建議色卡
H：26 S：11 B：99

建議色卡
H：38 S：57 B：100

建議色卡
H：26 S：28 B：75

▲ 新增圖層並分別上色

Step 6：在「上色」圖層上方新增一個圖層，選擇剪切遮罩，用畫室畫筆在臉部、耳朵、脖子和頭髮的部分，簡單畫出陰影和高光。塗上腮紅，讓人物顯得活力十足！

建議色卡
H：26 S：26 B：88

建議色卡
H：19 S：19 B：99

畫可愛風格頭像的時候，可以適當放大頭部、縮小身體。

萌度爆表的包子臉

包子臉是小圓臉的升級版，圓嘟嘟的臉頰，Q感加倍！

草圖：6B鉛筆

Step 1：新增一個 2000px × 2000px 的畫布，重新命名為「草圖」，選擇素描分類中的 6B 鉛筆，在第一個圖層中畫出頭部結構草圖，兩頰在圓臉的基礎上向外鼓一點。

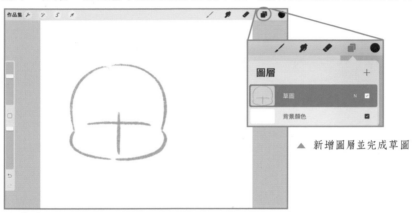

▲ 新增圖層並完成草圖

線稿：畫室畫筆

Step 2：在「草圖」圖層上方新增一個「臉部輪廓」圖層，選擇著墨分類中的畫室畫筆，勾勒出包子臉的輪廓。在臉部輪廓圖層上方新增一個「五官」圖層，在五官十字線畫上可愛的五官。

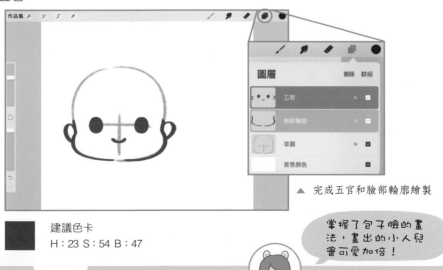

▲ 完成五官和臉部輪廓繪製

建議色卡
H：23 S：54 B：47

掌握了包子臉的畫法，畫出的小人兒會可愛加倍！

Step 3：新增一個「頭髮輪廓」圖層，在剛剛畫的頭型基礎上向外擴展，畫出短髮妹妹的頭髮輪廓。瀏海不用畫得太細碎，用幾條比較圓潤的弧線概括即可。

▲ 新增圖層並完成頭髮輪廓繪製

Step 4：隱藏「草圖」圖層，繼續新增一個「身體和髮飾」圖層，幫可愛的妹妹畫出小巧的身形，搭配漂亮的髮飾。

▲ 新增圖層並完成髮飾和身體繪製

上色：單線／畫室畫筆

Step 5：在「臉部輪廓」圖層下方新增一個「上色」圖層，選擇書法分類中的單線筆刷，分區域鋪上底色。

建議色卡
H：25 S：57 B：76

建議色卡
H：19 S：53 B：94

建議色卡
H：26 S：11 B：99

▲ 新增圖層並完成填色

Step 6：在「上色」圖層上方新增一個圖層，選擇剪切遮罩，依序用畫室畫筆畫出臉部、耳朵、髮飾和脖子的陰影，以及頭髮、衣服和蝴蝶結上的高光，並畫出腮紅，就完成了！

五官變化一下也不錯

眼睛和嘴巴在繪圖的時候可以有很多不同的表現方法喔！

常見的幾種可愛的眼睛畫法

圓圓的大眼睛，加上高光更適合賣萌

直線型眼睛，在簡筆畫中有睜大眼睛的視覺效果

豆豆眼更可愛，適合搭配具有喜劇效果的表情

更多嘴型

耳朵可以用半圓來表示

鼻子可以用一個點來表示，也可以省略不畫。

看多了閃亮的大眼睛，有時候呆萌的豆豆眼更能表達情緒！

來個「側顏繪」吧！

轉動頭部的時候，五官的位置也會跟著發生變化。

仰視的五官
仰視的時候五官會整體上移，側向一邊

俯視的五官
俯視的時候五官會下沉，耳朵在斜上方

由於重力的原因，頭髮
也會隨之變形喔。

百變髮型

不同的髮型可以表達出不同的人物性格。
在可愛臉型的基礎上搭配不同的髮型，就能創造出一系列可愛人物。

男生髮型

在畫男生髮型的時候，
可以在勾勒髮型輪廓時畫出碎髮，這樣會顯得更有活力！

清爽短髮　　　　　　　　瀏海短髮　　　　　　　　復古髮型

女生髮型

在畫女生的髮型時要突顯髮量，
盡量畫得柔順一點。無論是直髮或捲髮，都可以用柔軟的曲線來表現。

可愛雙馬尾　　　　　　　清涼丸子頭　　　　　　　溫柔氣質捲髮

除了改變髮型，
還可以幫人物加上漂亮髮飾，可愛又活潑！

情侶逗趣的日常

加上動物耳朵，秒變大野狼和小白兔

可愛動物元素

貓耳朵

小熊耳朵

小鹿角

小狗耳朵

兔子耳朵

狐狸耳朵

常見Q版人物身型

可愛的臉也要配上可愛的身型！

二頭身和三頭身是Q版人物常見的身型，一起來畫畫看吧！

俗稱的二頭身，指的是頭和身體的比例是 **1：1**，也就是人物整體的高度是兩個頭的高度。

繪畫的時候，我們可以先畫出一個頭的大小，然後以頭長為一個單位長度來確定人物的身高。

草圖：6B鉛筆

Step 1：新增一個 2000px × 2000px 的畫布，重新命名為「頭部圓圈」，在其中畫一個圓圈作為人物頭部的基準形狀。然後將這個圓圈圖層複製一個，放在頭部下方，重新命名圖層為「身體圓圈」，量出身體的高度。

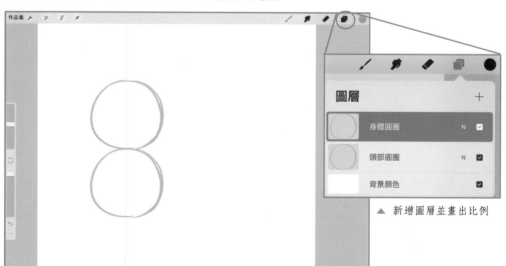

▲ 新增圖層並畫出比例

Step 2：將身體圓圈圖層的不透明度降到 50%，新增一個「身體結構草圖」圖層，用簡單的幾何形狀勾勒出身體的輪廓。這個階段不須考慮人物的服裝，只需畫出肢體的形狀即可。

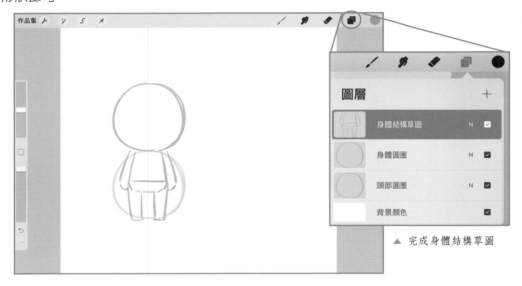

▲ 完成身體結構草圖

Step 3：隱藏「身體圓圈」圖層，將「頭部圓圈」圖層和「身體結構草圖」圖層的不透明度都降低到 50% 左右，新增一個「人物草圖」圖層。打開輔助繪圖的對稱模式，畫出更細緻的人物草圖，為人物增加服裝、髮型、五官等細節，完成之後隱藏其他的草圖圖層，只保留最終草圖。

▲ 完成整體草圖

線稿：6B鉛筆

Step 4：新增一個「人物線稿」圖層，打開輔助繪圖，用深棕色在草圖的基礎上勾勒出線稿，讓線條更平滑流暢。

建議色卡
H：23 S：54 B：47

▲ 完成人物線稿

上色：單線

Step 5：在「人物線稿」圖層下方新增5個上色圖層，由下到上依次重新命名為「皮膚」、「頭髮」、「水手服」、「領結」、「腮紅」，以平塗的方式分別在個別圖層中為皮膚、頭髮、水手服、領結和腮紅區域上色。最後隱藏「人物草圖」圖層。

建議色卡
H：218 S：27 B：71

建議色卡
H：19 S：53 B：94

建議色卡
H：26 S：28 B：75

建議色卡
H：26 S：11 B：99

▲ 完成分區填色

Step 6：最後，在「人物線稿」圖層上方新增一個「高光」圖層，打開輔助繪圖，將
人物的眼睛和腮紅用白色點上高光！可愛的二頭身女孩就完成了！

▲　加上高光，完成繪製

三頭身人物的身體更修長，人物的臉也可以畫得更瘦一點，和身材比例相呼應。

延續二頭身的繪畫方法，拉長身材比例，讓我們一起來畫一位三頭身的女孩吧！

草圖：6B鉛筆

Step 1：新增一個 2000px × 2000px 的畫布，重新命名為「上」。畫一個圓圈作為頭部，複製出兩個圖層，分別重新命名為「中」、「下」，疊在一起當作人物的身高參考。

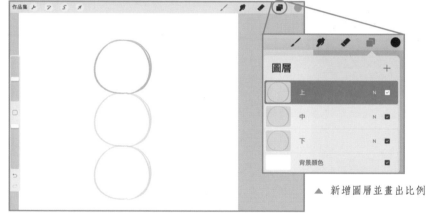

▲ 新增圖層並畫出比例

Step 2：降低「中」、「下」圖層的不透明度，在「上」圖層的下方新增一個「身體結構草圖」圖層，畫出身體的結構草圖，將身體的總高度控制在約等於 2 個頭的高度。

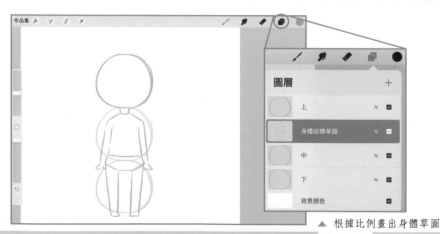

▲ 根據比例畫出身體草圖

Step 3：在「上」圖層上方新增一個「草圖」圖層，打開繪圖輔助的對稱模式，在「身體結構草圖」的基礎上，畫出人物的完整草圖。相較於二頭身人物，三頭身人物的臉可以畫得瘦一點，四肢也更修長。

▲　完成草圖

線稿：6B鉛筆

Step 4：新增一個線稿圖層，打開輔助繪圖，用棕色或黑色勾勒出更平滑的線稿。

建議色卡
H：23　S：54　B：47

▲　完成線稿

上色：單線

Step 5：在「線稿」圖層下方新增5個上色圖層，由下到上依次重新命名為「皮膚」、「頭髮」、「水手服」、「領結」、「腮紅」，以平塗的方式分別在個別圖層中為皮膚、頭髮、水手服、領結和腮紅區域上色。最後隱藏所有草圖圖層。

建議色卡
H：218 S：27 B：71

建議色卡
H：19 S：53 B：94

建議色卡
H：26 S：28 B：75

建議色卡
H：26 S：11 B：99

▲ 完成分區填色

Step 6：在「線稿」圖層上方新增一個「高光」圖層，為眼睛和腮紅點上高光。

完成繪圖 ▶

除了常見的二頭身和三頭身，平時繪畫的時候可以根據需要調整身材比例。身高越矮，越容易突顯人物乖巧可愛的氣質；身高越高，人物會顯得更纖細修長，更具漫畫氣息。

擺個 Pose 吧 | 熟悉了小人兒的身材比例，接下來，我們將以二頭身為例，讓小人兒變換更多姿勢！

透過火柴人草圖，我們來看看人物有哪些部位是可以活動的。紅色圓圈的位置代表了人物的活動關節。

想要畫出運動的姿態，我們可以先換一個火柴人；擺出基本的姿勢，再畫出完整的人物形象。

從吃冰淇淋的小妹妹開始，解鎖可愛人物的動態畫法。

草圖：6B鉛筆

Step 1：建立一個 1500px × 1500px 的畫布，畫一個二頭身的火柴人，大致擺出邊走邊吃冰淇淋的動作。四肢可以用線段來代表，關節部分用小圓圈來表示。

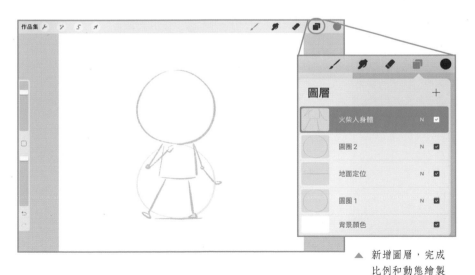

▲ 新增圖層，完成
比例和動態繪製

測試動作姿態的階段，無須畫出完整的人物形象，利用火柴人可以使效率倍增！

Step 2：在火柴人頭部位置的輪廓基礎上新增「頭部草圖」圖層，用深一號的藍色畫出小女孩的頭部草圖，搭配可愛的麻花辮和舔舌頭的小動作。

▲ 畫出頭部草圖

Step 3：新增一個「身體結構草圖」圖層，畫出身體部分和冰淇淋的草圖，用深一號的藍色在火柴人動作輪廓的基礎上加粗，畫出較圓潤的四肢。

▲ 完成身體和冰淇淋草圖的繪製

Step 4：隱藏火柴人圖層，把「身體結構草圖」圖層的不透明度調整到 50% 左右，新增一個「身體草圖」圖層，畫出穿衣服的小人兒身體部分，配上手裡的冰淇淋和小熊斜肩包，畫好之後隱藏「身體結構草圖」圖層。

完成完整的草圖繪製 ▶

線稿：畫室畫筆

Step 5：新增 3 個圖層並分別重新命名，選擇畫室畫筆，分別在 3 個圖層上勾勒出頭部線稿，身體線稿和包包的線稿。

建議色卡
H：23 S：54 B：47

▲ 分圖層完成線稿

Step 6：找到對應的圖層，擦掉紅線部分被遮擋部分的線條，把 3 個線稿圖層合併在一起，線稿部分就完成了！

▲ 合併圖層，完成線稿

▲ 在各圖層中擦除多餘的部分

上色：畫室畫筆

Step 7：打開「線稿」圖層的參照，在「線稿」圖層下方新增一個「上色」圖層，將顏色拖曳至對應的區域，幫人物鋪一層底色。

▲ 打開圖層參照

▲ 完成分區域上色

建議色卡
H：215 S：27 B：90

建議色卡
H：29 S：9 B：98

建議色卡
H：32 S：36 B：83

建議色卡
H：27 S：25 B：73

建議色卡
H：32 S：26 B：93

將線稿圖層設定為參照，在其他圖層填色時，顏色也會根據線稿的圖案進行區域劃分，需要注意的是，參照的線稿也必須是完全閉合的圖形才行喔！

Step 8：在「上色」圖層上方新增一個細節圖層，打開剪切遮罩，幫臉部畫上腮紅，舌頭也上色，並在冰淇淋的甜筒部分畫上網格。

建議色卡
H：20 S：33 B：94

建議色卡
H：21 S：48 B：89

建議色卡
H：32 S：36 B：83

▲ 完成細節刻畫

Step 9：在人物上色圖層下方疊加一個底色色塊，用深一號的顏色畫幾顆小星星作為裝飾，可愛的冰淇淋女孩就完成囉！

用同樣的方式，嘗試解鎖更多動作。

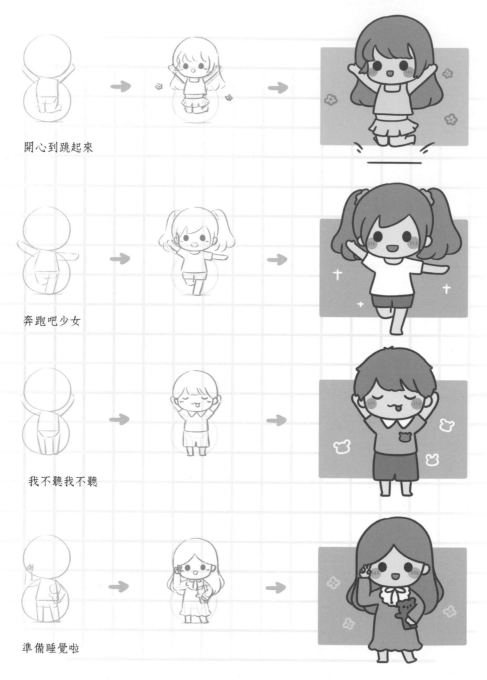

開心到跳起來

奔跑吧少女

我不聽我不聽

準備睡覺啦

換裝更可愛｜職場通勤、度假約會 …… 搭配不同風格的服裝，角色一下子就生動起來了！從職場開始，解鎖百變穿搭！

草圖：6B鉛筆

Step 1：建立一個 1500px × 1500px 的畫布，重新命名為「結構草圖」，用簡單的線條大致勾勒出人物的比例和動作。

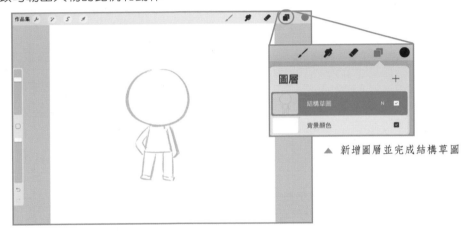

▲ 新增圖層並完成結構草圖

Step 2：新增一個「人物草圖」圖層，用深一號的顏色，在動作輪廓的基礎上幫人物穿上服裝，配上幹練的髮型並畫上五官，畫好之後隱藏「結構草圖」圖層。

▲ 完成草圖基本繪製

服裝和人物的年齡、職業相關，幫人物搭配服裝的時候要和周圍的環境相呼應喔！

Step 3：繼續新增一個「小元素」圖層，在人物的周圍畫上一些與工作相關的小元素，像是飛起來的紙張和對話訊息。

▲ 完成小元素的繪製

線稿：畫室畫筆

Step 4：新增一個「人物線稿」圖層，勾勒出人物的完整線稿，注意線條之間不要留縫隙。

▲ 完成人物線稿的繪製

建議色卡
H：23 S：54 B：47

Step 5：新增一個「小元素線稿」圖層，勾勒出小元素的輪廓。在人物腳下畫出水平線，畫好之後隱藏所有的草圖圖層。

▲ 完成小元素線稿的繪製

上色：畫室畫筆

Step 6：打開「人物線稿」圖層的參照，在人物線稿圖層下方新增一個「上色」圖層，將顏色拖曳到對應的位置，幫人物鋪上一層底色。

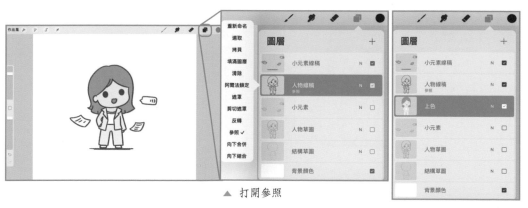

▲ 打開參照

▲ 完成分區域填色

建議色卡
H：38 S：12 B：100

建議色卡
H：29 S：9 B：98

建議色卡
H：20 S：48 B：89

建議色卡
H：27 S：31 B：68

Step 7：在填色圖層上方新增一個「面部陰影」圖層，點按圖層，選擇剪切遮罩，用比膚色深一號的顏色幫臉部和頸部疊加陰影。

建議色卡
H：21 S：16 B：96

▲ 選擇剪切遮罩並畫出陰影

Step 8：新增一個「陰影高光」圖層，點按圖層，選擇剪切遮罩，幫頭髮和西裝添加陰影和高光。

▲ 選擇剪切遮罩餅畫出陰影和高光

Step 9：新增一個「腮紅」圖層，幫臉部添加活力十足的腮紅。

建議色卡
H：20 S：39 B：94

建議色卡
H：20 S：48 B：89

▲ 新增圖層並加上腮紅

Step 10：在「上色」圖層下方新增一個底色圖層，用矩形色塊疊加底色；新增一個圖層，幫小元素填上白色和綠色，朝氣十足的職場穿搭就完成了！

換裝更可愛！

清涼渡假裝

甜美街拍裝

活力運動裝

慵懶居家裝

Lesson ⑥
透過有趣的排列組合，
畫出裝飾元素

☆ 添加高光　　　☆ 添加質感　☆ 圓形邊框　☆ 圖案底色

☆ 修改配色　　　☆ 幫簡單形狀加點料

☆ 萬物皆可提煉　☆ 形象聯想

英文元素

只要幾個步驟，就能讓平淡的英文元素變得生動可愛。讓我們從常用的「Happy Birthday」開始，寫出具有水晶質感的可愛文字吧！

基礎文字

Step 1：建立一個 1500px × 1500px 的畫布，選擇書法分類中的毛筆筆刷，分兩個圖層，分別寫出 Happy 和 Birthday 兩個單詞，並分別重新命名圖層。

適當延長結尾字母，拉出漂亮的弧線，讓文字延展。選擇紫色和粉紅色進行搭配，可以增加色彩的層次感。

建議色卡
H：267 S：9 B：84

建議色卡
H：1 S：22 B：91

▲ 新增圖層並繪製基本文字框架

增添質感

Step 2：在兩個字母圖層上方分別新增兩個「質感」圖層，分別點按圖層並選擇剪切遮罩，選擇噴槍中的軟筆刷，將筆刷的不透明度調整為 40%。用白色在字母的位置橫著輕畫，使字母呈現半透明的果凍質感。

滑動這裡調整筆刷不透明度 →

▲ 選擇剪切遮罩並增加質感

增添高光

Step 3：在最上方新增一個「文字高光」圖層，選擇書法分類中的毛筆筆刷，調小筆刷尺寸，用比較細的白色線條在每個字母上畫出「！」形狀的高光。

滑動這裡調
整筆刷大小 →

新增圖層並添加文字高光 ▶

圖形邊框

Step 4：在「背景顏色」圖層上方新增一個「圖形邊框」圖層，根據字母的輪廓，用柔軟的弧線勾勒一個可愛的兔子形邊框。

建議色卡
H：21 S：16 B：96

▲ 增加可愛的邊框

圖案底色

Step 5：在「圖形邊框」圖層下方新增一個「底色」圖層，選擇單線筆刷，用比較淺的粉紅色畫出可愛的小雲朵，疊在文字下方。

建議色卡
H：22 S：7 B：99

▲ 增加小元素

裝飾元素

Step 6：在最上方新增兩個圖層，用粉紅色和紫色在文字周圍加上大大小小的氣泡，用黃色點綴大小星星，萌萌的水晶文字就完成啦！

用不同的筆刷，以相同的方法繪製，

再搭配不同的裝飾元素，就可以擁有更多可愛的英文元素。

SUNDAY 筆刷 + 水粉

PAINTING 單線

SUPER COOK 筆刷 + 單線

MERRY CHRISTMAS 筆刷 + 演化 + 單線

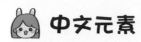 **中文元素** 中文元素更豐富多樣，可以做出很多有趣的排列和變化，現在選好配色和裝飾元素，打破常規排列，寫出萌萌的中文手繪簽名吧！

裝飾元素

Step 1：建立一個 1500px × 1500px 的畫布，選擇單線筆刷，把筆刷尺寸調大一點，分三個圖層寫出圓潤的中文文字並重新命名圖層。寫好之後，把「可」字的「口」換成愛心形狀，使文字看起來更活潑。

> 不同的詞語可以分圖層來寫，以方便修改顏色和位置。

建議色卡
H：1 S：22 B：91

▲ 分3個圖層寫下基礎文字

修改配色

Step 2：單頁的文字顏色會顯得比較單調，可以選擇不同顏色進行搭配。對「即是」圖層進行阿爾法鎖定，把顏色改成草綠色，增加視覺層次感。

建議色卡
H：61 S：39 B：79

▲ 打開阿爾法鎖定並替換顏色

添加邊框

Step 3：在文字下方新增線框 1、線框 2 兩個圖層，搭配深淺不一的綠色，用流暢的波浪形曲線，沿著文字的外圍添加邊框。

建議色卡
H：60 S：13 B：95

▲ 新增兩個圖層來增加裝飾

可愛元素

Step 4：在最上方新增一個圖層，增加可愛的輔助圖形和小元素。在第二排文字上方畫出萌萌的兔子腦袋，在周圍添加短線條和小愛心的裝飾，可愛的手繪中文簽名就完成了！

以下這些範例都是用單線筆刷完成的。

很多英文元素的裝飾方法，在中文元素設計的時候也是通用的。

可愛的餐具、胖胖的貓咪，
令人充滿食慾！

圓潤的粗體字搭配暖色系顏
色，給人團圓美滿的感覺！

根據詞語的內容進行聯想，靈活運用各種裝飾手法，

嘗試還原這些萌系個性簽名，再幫自己設計一個可愛的簽名吧！

百搭的甜甜小草莓，
為文字增添了幾分少女感！

從文字中提煉出具象化的詞語，
再用簡筆畫表現出來就很有趣味！

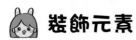 **裝飾元素**　｜　無論什麼時候，可愛的裝飾小元素，都能為畫畫增加變化！
解鎖更多可愛的裝飾技巧，讓畫面豐富起來吧！

裝飾法則1：幫簡單形狀「加料」
（筆刷：單線筆刷）

在常用的簡單裝飾元素基礎上加上幾筆，就能讓畫面豐富起來。

星星

Step 1：用深淺不一的黃色畫幾顆五角星和十字的小星星。

Step 2：新增一個圖層，點按圖層，選擇剪切遮罩，幫星星加上紋理。

花朵

Step 1：畫幾朵糖果色的實心小花和空心小花。

Step 2：用線條和紋理畫出花瓣和花蕊。

蝴蝶結

Step 1：用不同的顏色勾勒出蝴蝶結的形狀並填上顏色。

Step 2：加上大小不一的彩色氣泡，提升裝飾性！

裝飾法則2：萬物皆可提煉

（筆刷：單線筆刷）

將自然界的形象提煉成簡單的形狀，也能達到良好的裝飾效果。

活力小星球

萌趣仙人掌

裝飾法則3：形象聯想

（筆刷：單線筆刷）

選擇一個主元素，在這個元素的基礎上做聯想，也可以讓畫面更加豐富有趣。

貓咪和魚骨頭

等你消息

身為食物鏈的兩端，貓咪和魚骨頭充滿童趣又引人聯想。用同色系的顏色進行搭配，畫面色彩更和諧。

郵件、語音和文字訊息，組成了我們共同的聊天回憶。

邊框　｜　一個可愛的邊框，可以讓一堆平凡的文字瞬間變得可愛爆表！
靈活運用生活中的小元素，可以為你的文字增加童趣。

邊框法則1：對角線大法

將兩個可愛的元素放在矩形對角線的兩端，再用裝飾性線條連接起來，一個可愛邊框
就裝飾完成了！

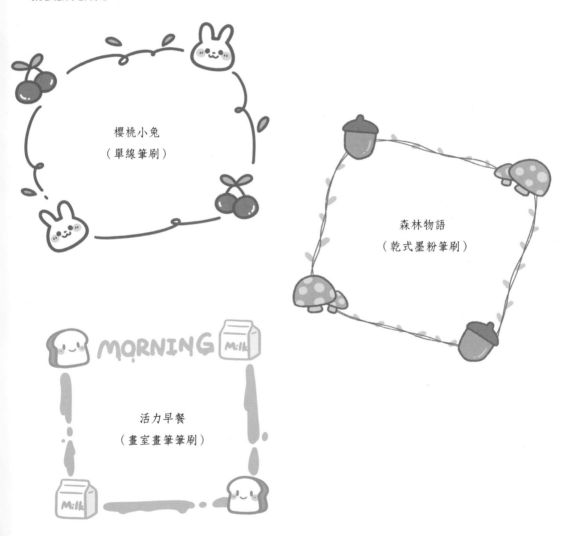

邊框法則2：放大！

用稍粗的線條，勾勒出你喜歡的形象邊框，加上可愛的表情，就完成了簡單的便條紙輪廓！